U0155314

陪 伴 女 性 终 身 成 长

护肤全书

[日]庆田朋子 著

吴梦迪 译

江苏凤凰文艺出版社
JIANGSU PHOENIX LITERATURE AND
ART PUBLISHING

图书在版编目（CIP）数据

护肤全书 / （日）庆田朋子著；吴梦迪译. -- 南京：
江苏凤凰文艺出版社，2022.8（2024.12重印）
ISBN 978-7-5594-7001-0

Ⅰ.①护… Ⅱ.①庆… ②吴… Ⅲ.①皮肤 - 护理 -
基本知识 Ⅳ.①TS974.11

中国版本图书馆CIP数据核字(2022)第124473号

版权局著作权登记号：图字 10-2017-528

护肤全书

(日)庆田朋子 著　　吴梦迪 译

责任编辑	王昕宁	
特约编辑	周晓晗　王　瑶	
责任印制	刘　巍	
出版发行	江苏凤凰文艺出版社	
	南京市中央路165号，邮编：210009	
网　　址	http:// www.jswenyi.com	
印　　刷	天津联城印刷有限公司	
开　　本	880毫米×1230毫米　1/32	
印　　张	9.25	
字　　数	145千字	
版　　次	2022年8月第1版	
印　　次	2024年12月第3次印刷	
书　　号	ISBN 978-7-5594-7001-0	
定　　价	69.00元	

江苏凤凰文艺版图书凡印刷、装订错误，可向出版社调换，联系电话025-83280257

前 言

一年有四季，春、夏、秋、冬，温度、湿度、紫外线强度等环境因素，都会随着四季的更迭而不断变化。环境发生了变化，我们的身心状态、皮肤状态也会随之发生变化。

今天的皮肤护理，也可能不同于明天的皮肤护理。然而，你是否每天按部就班地进行着同样的护理呢？为了让肌肤永葆青春，每天都应当根据环境的变化，调整护肤的方法。

● 本书将为你提供：

每个月、每一天的护肤小知识，1天1个，共365+1天。

● 本书汇集了：

针对每个月容易发生的环境变化而提出的护肤意见，以及当月应该掌握的护肤知识。

● 本书还回答了：

"为了打造靓丽的肌肤，吃些什么好呢？""家里应该配备哪些药物呢？""现在美容皮肤科最新的疗法是什么？"……这些在皮肤科就诊时不方便问及的问题。

请一定要和这本书一起努力推进每天的护肤行动，避开误区，精准护肤，打造"冻龄"美肌。

希望五年后、十年后的你，依然能对自己的皮肤状态充满信心。

日本银座 KS-SKIN 美容医院院长

庆田朋子

"美肌力" 测试

　　拥有完美的肌肤，离不开对护肤的正确认识与实践，还有健康的生活习惯。因此，先让我们来确认一下现在的你拥有多少让肌肤变完美的能力吧。测试分为"清洗""保湿""紫外线""刺激"和"生活习惯"五大部分。请在符合自己情况的项目前打"√"。然后清点各部分"√"的数量，参照P4~5，你就能知道自己拥有的变美潜力，即"美肌力"是多少。

清洗

☐ 早上不使用洗面奶　　　　　　　　　☐ 使用洗面奶时不打太多泡
☐ 用热水洗脸　　　　　　　　　　　　☐ 使用洗脸刷
☐ 每次洗脸都要洗 3 次以上　　　　　　☐ 洗脸时会挤破粉刺
☐ 会将毛孔污垢挤出来　　　　　　　　☐ 使用磨砂洗面奶洗脸
☐ 洗完脸后，肌肤紧绷　　　　　　　　☐ 用毛巾使劲擦洗身体
☐ 使用擦拭型的清洁产品
☐ 每天使用沐浴乳或香皂全面清洗
☐ 每天使用沐浴乳或香皂细致地清洗敏感部位
☐ 为了增发，洗头时会用刷子按摩
☐ 一边清洗一边按摩几分钟

保湿

☐ 只使用保湿化妆水　　　　　　　　　☐ 轻拍化妆水使其渗透
☐ 使用少量高端面霜　　　　　　　　　☐ 几乎不使用身体乳
☐ 脖子和前胸不涂抹化妆品　　　　　　☐ 不会特意为房间加湿
☐ 敷面膜超过 30 分钟
☐ 对面部和身体使用喷雾
☐ 不补妆
☐ 泡完温泉后不冲澡
☐ 夏天皮肤比较湿润，因此对保湿有所疏忽
☐ 因为面部局部肌肤出油，所以对整个面部使用油性皮肤用的化妆品
☐ 因为面部局部肌肤出油，所以不涂抹乳液或面霜
☐ 手变干燥后才涂抹护手霜
☐ 无法说出 3 种自己使用的保湿化妆品中含有的成分

紫外线

- ☐ 从 7 月才开始使用防晒产品，用到 9 月左右
- ☐ 阴天不涂抹防晒产品
- ☐ 总是薄薄地涂一层防晒产品
- ☐ 手上不涂抹防晒产品
- ☐ 在家时，不涂抹防晒产品
- ☐ 喜欢戴无檐帽
- ☐ 喜欢晒日光浴
- ☐ 购买防晒产品时，不看 PA 值
- ☐ 去年用剩的防晒产品，今年仍打算使用
- ☐ 去附近购物或倒垃圾时，会戴帽子遮盖素颜
- ☐ 经常在早上吃柑橘类水果摄取维生素

- ☐ 揉搓防晒产品，直至被皮肤吸收
- ☐ 穿完衣服后再涂防晒产品
- ☐ 使用的是蕾丝遮阳伞
- ☐ 不戴太阳镜

刺激

- ☐ 涂腮红时，刷子会反复刷几次
- ☐ 喜欢将指甲软皮去除至几乎看不到
- ☐ 会拔掉多余的毛发
- ☐ 出汗较少时，不会擦掉，而是等其自然干
- ☐ 发痒时，会无意识地抓挠
- ☐ 喜欢长时间泡热水澡
- ☐ 头发附在脸上时，偶尔会发痒
- ☐ 擦粉饼时，会使用附带的粉扑
- ☐ 为了锻炼表情肌，会用做鬼脸的方式扯动面部
- ☐ 冬天，会长时间使用电热毯

- ☐ 剃除多余毛发时，不涂抹润肤霜
- ☐ 有支撑手肘或膝盖跪地的习惯
- ☐ 有舔嘴唇或去死皮的习惯
- ☐ 经常穿紧身内衣
- ☐ 有些衣服会让皮肤发痒

生活习惯

- ☐ 经常睡眠不足
- ☐ 不太喜欢豆制品
- ☐ 饮酒多
- ☐ 不运动
- ☐ 经常便秘
- ☐ 一有压力皮肤就会发痒
- ☐ 经常起斑疹
- ☐ 为了减肥，总是不吃肉

- ☐ 蔬菜摄取不足
- ☐ 不怎么食用发酵食品
- ☐ 抽烟
- ☐ 体寒
- ☐ 容易积累压力
- ☐ 小时候得过特应性皮炎
- ☐ 经常处于开空调的环境中

你的"美肌力"有多少？

五大部分（清洗、保湿、紫外线、刺激、生活习惯），你共计打了多少个"√"呢？根据其数量，来确认下你拥有多少变美的潜力，即"美肌力"吧。

0~10 个

高级护肤者：拥有十足的"美肌力"。

365+1 天保持美丽的小建议

不要懈怠，今后也要继续根据季节加强"美肌力"。即便只有一个"√"，也要对该项进行重点学习，采用更好的护肤方法（参考本书索引）。另外，皮肤会随着年龄而变化，同时皮肤医学也在日益进步。收集最新信息的同时，也要注意不被它们所左右。无论何时，都要细心观察自己的皮肤状态，根据季节和环境，进行各个时刻必要的护肤。

11~20 个

中级护肤者：拥有一定的"美肌力"。

365+1 天精准护肤的小建议

虽然拥有"美肌力"，但是因为很小的选择失误，皮肤可能正在不知不觉地老化。请务必参考本书，改善这些无心之失。特别是打钩较多的项目，它们是你的弱点，需要重点学习（参考本书索引），争取成为高级护肤者吧！采用更多有助于皮肤保养的措施，减缓肌肤衰老，努力实现精准护肤。

初级护肤者："美肌力"似乎还不够。

365+1 天避开误区的小建议

非常遗憾，继续这样下去的话，肌肤将会加速衰老。对你而言，这是个绝佳的机会。通过这本书学习护肤的基础，争取成为中级护肤者，乃至高级。皮肤所需的所有护理都做到位后，你的肌肤屏障就会变得坚固，季节和环境的变化对皮肤的影响也可以有效控制。不仅可以让皮肤不易变得粗糙，还能减缓肌肤衰老。为了十年后依然可以对自己的皮肤充满信心，现在开始学习、实践正确的护肤方法，避开护肤误区。

本书的使用方法

本书以"每天 1 个护肤小知识"为题，按照日期，记载了各个季节、各种环境下非常实用的护肤信息。此外，日期下面的关键词（比如，紫外线、斑、皱纹等）和卷末的索引相关联，因此也可以通过索引查询关键词，获得你想了解的信息。希望你能善用本书，早日成为高级护肤者。

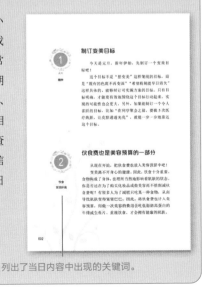

列出了当日内容中出现的关键词。

本书将为你介绍精准护肤、实现"冻龄"美肌的诀窍。首先，希望你对皮肤的结构和功能有所了解。

皮肤的结构和作用

皮肤由表皮层、真皮层和皮下组织三层构成，有保护身体、调节体温、排泄体内废弃物质等作用。

● **表皮层**

皮肤最外侧的一层，平均厚度仅为 0.2mm。从基底细胞分裂到新生（新陈代谢），需要二十八天左右。角质细胞堆积，保护皮肤免受外界的各种刺激。护肤最重要的就是保护表皮层。

● **真皮层**

位于表皮层下层，表皮层和皮下组织之间。主要由胶原纤维、弹力纤维、网状纤维和无定型基质等结缔组织构成，其中还有皮脂腺、血管、神经、汗腺、毛囊等多种组织。皮肤的张力、弹力与真皮层息息相关。

● **皮下组织**

含有大量的皮下脂肪、毛囊等，血管分布密集。它是一个天然的缓冲垫，能缓冲外来压力。皮肤和筋膜由胶原纤维连接着，如果胶原纤维松弛，面部线条就会崩塌。

★毛囊位于真皮层的深处或皮下组织。

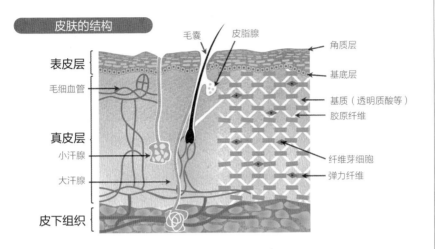

皮肤的结构

毛囊　皮脂腺

表皮层

角质层

基底层

毛细血管

基质（透明质酸等）

胶原纤维

真皮层

小汗腺

纤维芽细胞

大汗腺

弹力纤维

皮下组织

表皮层结构

由基底层、棘细胞层、颗粒层、角质层四部分组成。

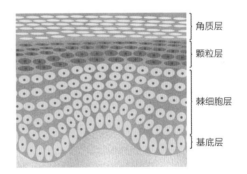

角质层

颗粒层

棘细胞层

基底层

真皮层结构

胶原纤维呈网状分布，而将其连接在一起的则是弹力纤维。它们之间充满了饱含水分的透明质酸等啫喱状基质。这些成分是由纤维芽细胞制造出来的。

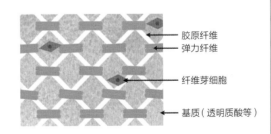

胶原纤维

弹力纤维

纤维芽细胞

基质（透明质酸等）

表皮层构造和新陈代谢

　　表皮层由基底层、棘细胞层、颗粒层、角质层四部分构成。其最大的特征是占了表皮层90%的细胞（角化细胞）会发生"角化"。基底层生成的角化细胞会分裂成两组，一组作为基底细胞留下来，一组则逐步转变为棘细胞、颗粒细胞、胶质细胞，最后成为污垢剥落。这就叫作"角化"。通过角化，表皮细胞不断更替，这就是"新陈代谢"。表皮层新陈代谢平均需要二十八天左右。如果代谢太快，角质层就会变薄、变弱，肌肤变成容易干燥的敏感肌肤。如果代谢太慢，角质层就会变厚、变硬，容易引起暗沉、皱纹、粉刺等问题。

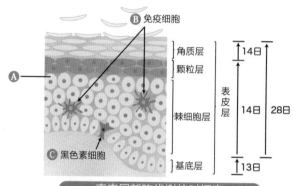

表皮层新陈代谢的时间表

Ⓐ 角化细胞
经历角化，从基底细胞逐步变为有棘细胞、颗粒细胞、角质细胞的细胞。

Ⓑ 免疫细胞
起着感应器的作用，可以识别从体外侵入的异物。当有害物质侵入时，它会将异物侵入的信息传递给淋巴球，让它制造抗体。

Ⓒ 黑色素细胞
分布在基底层。生成黑色素，传给角化细胞。

角质层的屏障功能

包裹全身的皮肤会保护身体免受各种刺激的伤害，为了履行这一职责，皮肤就拥有了"屏障功能"。屏障功能的主角是角质层。当角质层所需的成分非常充足，纹理也十分整齐时，屏障功能就可以正常工作，屏蔽干燥、刺激、过敏等伤害。但是，如果角质层所需的成分不充足，且水分也被夺走了，那屏障功能就会减弱，导致皮肤干燥、对正常情况下不会构成刺激的物质产生过敏反应。这种状态如果持续，就会引起炎症，进而导致新陈代谢紊乱，并引发色斑、皱纹等各种各样的皮肤问题。维持角质层的屏障功能，才是护肤最重要的课题。

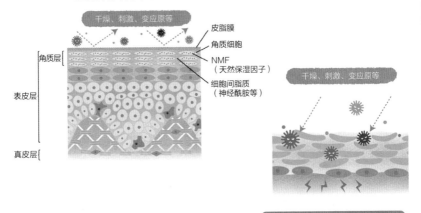

屏障功能正常工作时的状态

能将外部刺激挡回去

干燥、刺激、变应原等

皮脂膜
角质细胞
NMF
（天然保湿因子）
细胞间脂质
（神经酰胺等）

角质层
表皮层
真皮层

干燥、刺激、变应原等

屏障功能变弱时的状态

刺激、变应原等进入角质层，
引发炎症。

角质层的锁水系统

健康的皮肤看上去很水润，是因为角质层拥有锁水的功能。具体来讲，肩负这个职责的是皮脂膜、天然保湿因子（NMF）和细胞间脂质，其中细胞间脂质的贡献率（锁水比例）最高，占整体的80%。细胞间脂质的主要成分是神经酰胺。

肩负保湿职责的三大要素

正因为皮脂膜、天然保湿因子（NMF）和细胞间脂质（主要成分是神经酰胺）的存在，肌肤才能保持水润。细胞间脂质是位于细胞和细胞之间的特殊脂质，如三明治般夹着水分，它就像填补空隙的水泥一样。

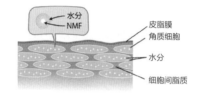

屏障功能和细胞间脂质（神经酰胺）

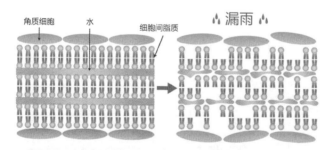

细胞间脂质（神经酰胺）呈现表皮新陈代谢过程中角化细胞制造出来的脂质的双分子结构（层状结构）。通常情况下，每一层都非常整齐。但是，如果屏障功能因为摩擦、过度清洗等刺激或角化异常而变弱，那么就会像漏雨一样，各种各样的刺激物质就会侵入表皮层。

黑色素细胞和黑色素的功能

　　黑色素具有决定肤色、阻止有害的紫外线伤害细胞的作用。它是由位于基底层（表皮层最下面的一层）的 黑色素细胞生成的。生成的黑色素储存在 黑色素细胞中，到达一定的量之后，就会通过黑色素细胞的突起被送往周边的表皮细胞。随着新陈代谢（表皮细胞的代谢），黑色素被推往皮肤表面，最后同污垢一起剥落。

　　黑色素包括黑色的真黑素和黄色的褐黑素，这两种黑色素的比例决定人的肤色。另外，受强紫外线以及激素等的影响， 黑色素细胞会变得活跃，不停地制造黑色素，过剩的黑色素沉积下来后，就形成了色斑。

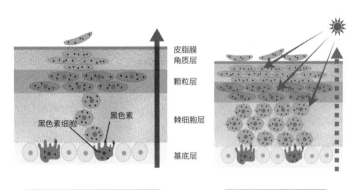

黑色素的生成和排出

由基底层的 黑色素细胞生成的黑色素，随着新陈代谢，移动至角质层，最后和污垢一起剥落。

色斑的形成机制

在代谢周期变慢的影响下，过剩的黑色素沉积，形成色斑。

目录

1月 JANUARY

2月 FEBRUARY

3月 MARCH

4月 APRIL

5月 MAY

6月 JUNE

7月 JULY

9 月　SEPTEMBER

OCTOBER

JANUARY

1月

真正的寒潮正在袭来。
干冷的空气会让皮肤变得干燥，
因此要注意充分的保湿。
另外，为了让肌肤在这一年内保持靓丽，
在新的一年开始时，
先学习一些护肤的基础知识吧！

元旦

精神

制订变美目标

今天是元旦。新年伊始，先制订一个变美目标吧！

这个目标不是"想变美"这样笼统的目标，而是"现有的色斑不再变深""希望粉刺能早日消失"这样具体的、能够制订可实施方案的目标。只有目标明确，才能更有效地围绕这个目标行动起来，实现的可能性也会更大。另外，如果能制订一个令人雀跃的目标，比如"在同学聚会之前，要做 5 次医疗焕肤，让皮肤通透光亮"，就能一步一步地靠近这个目标。

饮食
生活环境

伙食费也是美容预算的一部分

从现在开始，把伙食费也放入美容预算中吧！

变美离不开身心的健康。因此，饮食十分重要。食物构成了身体，也理所当然地影响着肌肤的状态。你是否还在为了购买化妆品或做美容而不惜削减伙食费呢？有很多人为了减肥只吃某一种食物，从而导致肌肤变得皱皱巴巴。因此，将伙食费也计入美容预算，用做一次美容的费用去吃低脂肪高蛋白的牛排或生鱼片。重视饮食，才会拥有健康的肌肤。

检查手头的化妆品种类

3

最近在使用什么样的化妆品呢？

卸妆产品、洁面产品、保湿产品、防晒产品，这四种化妆品是任何肤质、任何年龄的人都必须配备的，是护肤的基础步骤，即清洗、保湿、防紫外线所需的入门物品。油性肌肤的人可以用乳液代替保湿霜，但是如果手头备有保湿霜，会更方便对嘴唇等容易干燥的部位进行保湿护理。

基础护理
清洗
保湿
紫外线
洁面
保湿霜
卸妆
化妆品

卸妆油 + 洗面奶 + 保湿霜 + 防晒霜

防晒，从今天开始

4

今天早上涂防晒产品了吗？

很多人认为防晒产品只是夏天需要的东西，但实际上紫外线一年四季都存在。冬天柔和的日光、透过玻璃的光线，都是不容忽视的美肤大敌。紫外线是导致色斑、皱纹、肌肤松弛、肌肤老化、粉刺、毛孔粗大等问题的一大原因。

基础护理
紫外线
防晒
粉刺

从今天就开始涂防晒产品吧。养成一年四季都涂防晒产品的习惯。洁面之后先进行保湿，再涂防晒产品，这才是早上的护肤流程。

5

今天的目标是抗氧化

真希望今年也能击退压力，轻松地度过一整年啊！压力是美容护肤的大敌，因为它会增加活性氧的数量，促进皮肤的"氧化"。氧化会加速人体和肌肤的衰老。因此，今天的主题就是"抗氧化"。

细胞内的线粒体在制造能量的过程中会生成活性氧，这是造成氧化的元凶。活性氧原本肩负着攻击侵入体内的细菌和病毒的使命，但当它的数量过多时，就会反噬自己的细胞。

造成活性氧数量上升的主要原因有紫外线、大气污染物、吸烟、压力、剧烈运动、食品添加剂和残留农药中含有的化合物等。活性氧会破坏 DNA 和细胞膜，增加罹患癌症、生活习惯病等的风险。在皮肤方面，它会破坏赋予肌肤弹力的胶原纤维和弹力纤维，引起皱纹和松弛。此外，活性氧还会导致脂质过氧化、酵素失去活性以及黑色素的产生等，这些正是粉刺、色斑、暗沉、干燥等皮肤问题的罪魁祸首。人体本身具备清除活性氧的物质，即抗氧化酵素，但是随着年龄的增长，清除活性氧的能力会逐渐降低。因此，为了尽可能地延缓皮肤老化的速度，我们应积极地摄取抗氧化物质，同时避免接触诱发活性氧的紫外线等。

减少糖类的摄入

6

基础知识
饮食
暗沉

习惯在外面吃饭的读者朋友，你们平时接触意大利面、拉面、面包、甜点、饮料等含糖量多的食物的机会自然也会较多。那你注意到一天的糖类摄入量了吗？糖类摄取过多会让肤色暗沉。

摄取过多的糖类后，未完成代谢的糖类就会和蛋白质结合，导致蛋白质变质，我们把这个过程叫作"糖化"。发生糖化后，由蛋白质组成的胶原纤维和弹力纤维会变硬，弹性和柔软性也会随之降低。最终导致肌肤松弛、僵硬。

不仅如此，糖化的最终产物 AGEs（晚期糖基化终末产物）会使白色的胶原纤维变成褐色、黄色，这也是肤色暗沉的一个原因。这也意味着无论怎么护理都无法改善的肤色暗沉问题，可能不全是黑色素在作怪，也有可能是糖化的产物。

令人遗憾的是蛋白质一旦发生糖化，就再也无法恢复，这是一个不可逆的过程，因此预防是最重要的。糖类是人体不可或缺的能量源，但也需要注意其摄取方法，并且不要摄取过量。选择食材时，不要只注意热量，还要选择 GI 值（血糖生成指数）较低的食材，延缓血糖值上升，降低糖化风险。烹饪时也要控制白砂糖和食用油等调料的用量，并注意不要过度加热。保证均衡的饮食十分重要。

重新学习修剪指甲的方法

指甲

在日本，今天是新的一年第一次剪指甲的日子。据说，这一天如果将指甲放在泡有七种草的水中，等它变软后再剪掉，就可以祈求全年无病无灾。

今天就来学习一下修剪指甲的方法吧！指甲一般会剪成方形。泡完澡后，或者用其他方法将指甲变软后，用指甲刀尽可能平直地修剪。长度不能太长，也不能太短。用指尖敲击桌面时，如果碰触到桌面的是皮肤而非指甲，那就太短了。指甲具有保护指尖的作用，如果过短，可能会引发皮肤炎。如果剪成弧形，则需要更加频繁地修剪，否则指甲就有可能嵌入皮肤。

指甲的修剪方法

① 使用锋利的指甲刀，从指甲前端开始修剪。

② 每个指甲如果只分 1~2 次修剪，可能会出现裂痕，因此请分 4~5 次修剪。

③ 剪完后，指甲尖不平整，容易勾到物品，要用锉刀磨平。指甲刀上自带的锉刀也完全可以应付，但如果锉纹较粗，就要另外准备一把锉纹细的锉刀。

剪成方形
不剪掉边角，将指甲剪平。

剪成弧形
将指甲磨圆。

只用温水洗脸可以吗

基础护理
清洗
皮脂

　　早上起床后，你是不是只用温水快速地洗一下脸？有些人担心到了冬天皮肤会变干燥，所以只用温水洗脸。但是，这种方法虽然能洗掉汗、灰尘等污渍，却无法去除夜间冒出的皮脂和涂在皮肤上的化妆品等油性污渍。残留的污渍氧化后会刺激皮肤，反而会让皮肤变得干燥。因此，早上洗脸时，请一定要使用洁面产品。请选择洗完后皮肤不会紧绷的洁面产品，掌握不会刺激皮肤的洁面方法（参考1月10日的内容）。

检查洁面后的皮肤状态

基础护理
清洗
洁面

　　检查一下使用洁面产品后的皮肤状态吧。如果觉得还是有点滑腻，就针对局部再轻轻地洗一遍。如果感觉皮肤紧绷或干燥，有可能是去除了过多的脂质（皮脂和细胞间脂质）。细胞间脂质在肌肤屏障中扮演着重要的角色，一旦流失，需要很长时间才能恢复。在此期间，随着屏障变弱，皮肤可能会因红肿、发炎而变得粗糙。也就是说，洁面不当也可能导致皮肤干燥或粗糙。因此，使用温和无刺激的洁面产品，掌握正确的洁面方法，至关重要。

挑战丰富绵密的泡沫

今天，请不擅长泡沫洁面的你也来挑战一下打造 Q 弹泡沫吧。掌握既能保护角质层屏障功能又能清洁皮肤的洁面方法。

基础护理
....
洁面
....
清洗

洁面方法

① 用温水清洗双手。

② 将洁面产品置于手掌中，一边和水，一边用另一只手的食指、中指和无名指打出一个鸡蛋大小的绵密泡沫。如果无法顺利打出泡沫，可以使用起泡网。

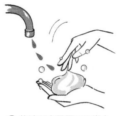

③ 将泡沫涂抹在 T 字区（额头、鼻子、下巴）等皮脂分泌较多的部位。此时，手指尽量不要碰触到皮肤。

④ 将泡沫涂抹在 U 字区（脸颊、眼周、嘴周）等其他部位。

用温水冲洗 20 次

⑤ 用 33~36℃的温水洗掉泡沫。为了不让洁面产品残留在肌肤上，至少冲洗20 次。

轻轻地   轻轻地按压

⑥ 用干净的毛巾轻压面部，就像盖印章一样，拭去水分。

11

基础知识

皮肤的"成人式"

　　在日本，1 月的第二个星期一是"成人节"。小孩的皮肤比成人薄、角质层水分和皮脂量较少，因此容易干燥，比较脆弱。那小孩的皮肤什么时候会成长为成人的皮肤呢？就在 18~20 岁之间。第二次成长期结束于 15~20 岁，此时，从婴幼儿时期起一直持续的身体发育几乎完成，皮肤也从孩童的皮肤成长为大人的皮肤。而且，从 25 岁左右起，皮肤就会开始老化。女性的皮脂量在 20~30 岁期间达到巅峰，随后不断减少。而男性则不太受年龄的影响。

12

饮食

多吃草莓，预防肌肤老化和感冒

　　多吃维生素 C 含量丰富的草莓吧！草莓的最佳食用期为 12 月到次年 6 月。维生素 C 是合成胶原纤维不可或缺的营养素，可以给肌肤带来弹力和张力。它还具有抗氧化作用，有助于防止肌肤老化。但是，即便一次性摄取很多，也无法储存在体内，而且压力越大，越容易流失。因此，越是忙碌的人，就越应该多吃草莓。1 天吃 2~3 次，每次 5~6 颗，就能补充 1 天所需的维生素 C。除此之外，草莓中还含有有助于预防贫血的叶酸、膳食纤维、花青素和鞣花酸。

13

基础知识

保湿

请再次确认保湿

保湿是指保持皮肤中的水分。"让具有锁水能力的神经酰胺等保湿成分渗入角质层",这种护理也是众多保湿护理中最为有效的一种。请牢记这一点。

发挥保湿功效的三大要素位于角质层

角质层是表皮层最外层的部分。负责皮肤保湿功能的三大要素,即"皮脂膜""天然保湿因子(NMF)"和"细胞间脂质"都在这里。它们在角质层中锁水功能的比例,皮脂膜占 2%~3%,天然保湿因子(NMF)占 17%~18%,细胞间脂质占 80%。由此可见,细胞间脂质才是主角。它的主要成分是神经酰胺,占整体的 50%。细胞间脂质是自身的角质细胞制造出来的脂质,在角质层中包围水分的同时,让细胞相互间连接得更为紧密。特应性皮炎患者的神经酰胺量只有正常人的三分之一,因此,皮肤经常处于容易干燥的状态。也就是说,让神经酰胺等保湿成分渗入角质层,有助于增强肌肤的锁水能力,让肌肤保持滋润。

角质层的保水结构

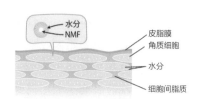

14

基础知识
保湿
刺激

肌肤屏障强度的关键在于角质层的状态

　　健康的皮肤可以抵御污垢、花粉等外部刺激。赋予肌肤这层屏障的是角质层。如果角质层的状态良好，那么肌肤的屏障功能就会变强，反之则变弱。比如，揉搓皮肤会让细胞间脂质（神经酰胺等）流失，导致肌肤的屏障功能显著变弱。细胞间脂质一旦流失，需要很久才能恢复，肌肤屏障就会一直处于薄弱的状态，皮肤可能会对平常没有影响的刺激源产生反应，引发炎症。为了维护肌肤屏障，让角质层保持健康状态的护理至关重要。

15

基础知识
保湿
保湿成分

检查自己使用的保湿产品的类型

　　保湿产品一般可分为润肤剂和保湿剂两大类。基底油、棕榈油等油脂类润肤剂可以防止皮肤水分蒸发，让皮肤变得柔软，而保湿剂中含有具有锁水功能的保湿成分。让保湿成分渗透到角质层的护理能带来最佳的保湿效果（参考 1 月 13 日的内容），所以保湿剂的保湿能力更高，即便不涂抹黏黏的油类，也可以充分保湿。建议手边常备一瓶。请参考 1 月 18 日的保湿成分一览表，购买含有那些成分的保湿剂，并每天使用。

饮酒过量会导致皮肤粗糙吗

16

基础知识
饮食
生活环境
皮肤粗糙

今天来谈一谈酒。连续过量饮酒后，你是否为皮肤状态变差、上妆难而困扰过呢？肝脏分解酒精时，会消耗大量的烟酸（维生素 B_3）等 B 族维生素、锌等元素，这些都是细胞再生所需要的元素，是让皮肤和黏膜保持健康、美丽不可或缺的营养素。消耗量增加，就意味着渗透到皮肤的量减少了，肌肤的状态就会受到负面影响。饮酒过量后，有可能妆都没卸就睡着了。因此，为了能够拥有完美的皮肤，最好适度饮酒。

菠菜可以预防皮肤粗糙

17

饮食
皮肤粗糙

多吃菠菜吧！虽然现在一年四季都能吃到菠菜，但是最好的时节还是每年的 12 月到次年的 1 月。露天栽培的菠菜叶厚色浓，打霜后更为甘甜，营养价值也更高。

菠菜富含具有抗氧化作用的 β - 胡萝卜素，保护皮肤黏膜的维生素 B_2 以及女性不可缺少的铁、钾、镁等矿物元素。同时，还含有有助于预防皮肤炎的维生素 H。菠菜根部的红色部位中含有大量与骨骼生长有关的锰元素，因此这部分也要食用。菠菜做成凉菜、火锅或直接炒，都很美味。

保湿成分知多少

让我们先了解一下保湿成分吧！保湿型化妆品一般含有多种保湿成分，以提高其使用感和稳定性。

基础知识
·······························
保湿

保湿成分

---

1. 夹住水分型
- 神经酰胺：具有将水分紧紧夹住，从而锁住水分的特性。从酵母中提取的类人神经酰胺、化学合成的拟神经酰胺、源自植物的神经酰胺等。
- 鞘脂、磷脂、胆固醇　　■ 卵磷脂

---

2. 包裹水分型
○ 天然高分子
溶解于水后形成高黏度的黏液质地，随着时间的流逝，能为肌肤构建一层皮膜。
- 黏多糖（透明质酸、硫酸软骨素）
1g 透明质酸能锁住约 1L 水分，是无数保湿成分中，角质层二次结合水[①]保持量最多的物质。

○ 蛋白质（胶原蛋白、弹性蛋白）、多肽（水解胶原、水解弹性蛋白）

○ 肝素
一种医疗用药品，具有改善血流的作用。

---

3. 吸收空气中水分型
在冬天等低湿度环境中，吸收的水分会蒸发，所以要和其他保湿成分混合使用。
○ 天然保湿因子（NMF）
- 氨基酸、吡咯烷酮羧酸钠、乳酸、尿素、无机盐

○ 糖
- 山梨糖醇、甘露醇、葡萄糖
- 海藻糖（干燥状态时的保湿效果绝佳）

○ 多元醇
- 甘油、戊二醇、丁二醇

注：① 角质层内的水分由三部分构成，即在相对湿度为 0% 的环境中也不会流失的一次结合水、与 NMF 等结合存在的二次结合水以及游离水。干性皮肤是二次结合水减少造成的。

只用化妆水保湿就够了吗

19

化妆水有很多种类，大致可分为四类。

1. 保湿型化妆水。目的是保湿和保持肌肤的柔软。一般含氨基酸、透明质酸和胶原蛋白等保湿成分。也被称作柔肤水、润肤水。

2. 收敛型化妆水。具有抑制过剩皮脂、汗液分泌的作用。含有大量紧致肌肤的收敛剂以及具有清凉感的酒精。保湿成分的含量比保湿化妆水少。也被称作爽肤水。

3. 清洁型化妆水。擦去卸妆产品后，再用清洁型化妆水擦去残留在肌肤上的油分。

4. 功能性化妆水。除了以上三种，其他功能的化妆水也层出不穷。维生素 C 诱导体美容液、药用美白化妆水、提升后续护肤品吸收效果的肌底液、痘痘肌专用的化妆水等。

想要保湿，就选择保湿型化妆水。但是，化妆水中 70%~80% 都是水，且保湿成分多为水溶性的，因此只靠化妆水无法确保保湿效果。为了充分保湿，需要配合含油溶性保湿成分的乳液、面霜一起使用。请谨记这一点。

保湿

化妆水

保湿成分

卸妆产品

用生姜粉对抗体寒

20

饮食
体寒

有没有总觉得身体很冷？觉得冷的时候，可以在红茶、蔬菜汤中撒入生姜粉，一起食用。生姜生吃和干燥后食用对身体的作用不一样。因为生的生姜中含有的"姜辣素"成分，干燥后会变成"姜烯酚"。"姜烯酚"能促进胃液分泌和血液循环，让身体内部保持温暖。"姜辣素"则具有杀菌效果，因此刚感冒或担心有细菌入侵的时候，可以食用生的生姜。

皮脂多的部位还需要保湿吗

21

基础知识
保湿
皮脂
粉刺

"皮肤容易长痘，而且不断分泌皮脂，是不是不用保湿？""T字区油光锃亮，是不是只需对干燥的脸颊保湿？"你是否在为皮脂和保湿而烦恼？皮脂对保湿的作用究竟有多大呢？皮脂膜是三大保湿要素之一（参考 1 月 13 日的内容）。在角质层中的锁水能力为整体的 2%~3%。也就是说，它在锁水方面的贡献比较少。由此可见，"皮脂足够多，皮肤就会比较滋润"这种说法是错误的。即便是因皮脂而发油的部位，洁面后如果不充分保湿，也会变得干燥，甚至粉刺还会增多。

22

皮脂需要控制

皮肤出油时，你是否会用吸油纸或纸巾按压擦拭？皮脂具有保湿作用，能让皮肤焕发光泽，是一种非常重要的物质。但是，皮脂分泌过剩会对皮肤产生不良影响。皮脂内含有的游离脂肪酸会给皮肤带来干燥等问题。由此可见，皮脂分泌过剩，会降低肌肤的屏障功能，导致皮肤变得粗糙，所以控制皮脂非常重要。

多余、老化的皮脂应该去除。白天，补妆或担心皮脂过多时，请用吸油纸或纸巾按压皮肤，将其拭去。早上和晚上，应该洗脸。"因为不想洗去保湿成分，所以早上不洗脸"，这种习惯反而可能让皮肤变得干燥，或得皮肤炎。

还有一点需要特别注意，就是在紫外线的影响下，如果皮脂中含有的角鲨烯发生过氧化反应，变为角鲨烯单氢过氧化物，那么它就会损害肌肤的屏障功能，让皮肤变得干燥。可以说，这是夏天粉刺增多的一大原因。这也解释了为什么很多人的皮肤在夏天受到损伤后，到了秋天就会出现很多小皱纹。

为了不让皮脂作恶，每天控制皮脂，并做好防紫外线工作尤为重要。

23

基础护理
保湿
保湿霜
乳液
美容液

涂得少，效果就小

　　每次要涂多少面霜或乳液呢？有人说："保湿霜中富含高级美容成分，价格贵，因此要一点一点地使用。"但事实上，如果使用的量不够，就无法达到预期的效果。保湿面霜、乳液以及乳状美容液涂抹的量至少需要 2 粒珍珠的大小。如果可以，再增加 1 粒的量，给颈部及前胸也涂抹和面部相同的产品。为了充分保湿，建议使用足量价格适中的产品，而非少量高价的产品。确保皮肤 24 小时水润的细致护理可以让你不用顾虑重复涂抹或补涂。

24

基础护理
化妆水
保湿
刺激

用手涂化妆水，还是用化妆棉

　　如果用化妆棉将化妆水涂到脸上，势必就会想拍打皮肤，让化妆水被吸收。为了减少对皮肤的刺激，用手涂化妆水吧。和化妆水一样的水状美容液，也要使用相同的涂抹方法。

化妆水的涂抹方法

① 取 1 元硬币大小的化妆水，倒于手心。

② 双手搓匀之后轻压着涂抹到脸上。眼睛周围、鼻翼等部位，要用无名指的指腹轻柔地涂抹。最后涂抹颈部。

乳液和霜类产品用指腹涂抹

25

乳液和霜类产品要用指腹轻轻地涂抹，同时避免揉搓皮肤。像乳液那样黏稠的美容液和油类产品也要采用相同的涂抹方法。

基础护理
保湿
保湿霜
乳液
美容液

乳液和霜的涂抹方法

① 取 2 粒珍珠大小的乳液或霜，置于手心或手背。

② 用手指蘸取手上的产品，然后涂抹到脸上，如此反复多次（或先将产品点在额头、下巴、脸颊、鼻子上，再抹开）。从脸颊开始，用中指和无名指两根手指，或加食指的三根手指的指腹涂抹。

③ 接着涂抹额头、下巴和鼻子。指法和②相同。鼻翼、人中等部位，用无名指指腹涂抹。

④ 再取 1 粒珍珠大小的乳液或霜，置于掌心。均匀地涂抹颈部和前胸。①～④的步骤再重复一遍。

⑤ 用双手包住脸颊，让产品渗入皮肤。

胶原蛋白从20岁左右开始减少

26

基础知识
紫外线
生活环境
皱纹

今天是胶原蛋白日。1960 年的今天，某制造商申请了"胶原蛋白溶解技术"的专利，从此，胶原蛋白开始被广泛使用。

胶原蛋白是人类及其他动物体内含量最多、分布最广的功能性蛋白。人体的约 20% 由蛋白质组成，胶原蛋白大约占据了其中的三分之一。它分布在皮肤、肌肉、内脏、骨头、关节、眼睛和头发等各种人体组织中，主要扮演着连接、支撑细胞的角色。胶原蛋白也是皮肤真皮层的主要成分，除去水分占了 75% 左右。它交叉成网状，让细胞排列整齐，充分支撑皮肤，维持肌肤的弹力。

但遗憾的是，胶原蛋白的量在 15~20 岁之间会达到顶峰，其后随着年龄的增长，逐渐减少。此外，在紫外线、吸烟、过劳等因素的影响下，活性氧的数量会增加。而随着氧化的加剧，胶原纤维会逐渐变质并减少，最终导致肌肤失去弹性，出现皱纹或松弛。

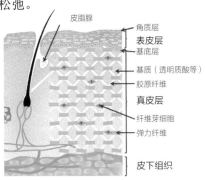

皮肤真皮层中的胶原纤维

27

皮肤粗糙
生活环境

皮肤因年底和年初的疲劳而粗糙

　　这个时期的皮肤问题出自很多原因。年底和年初的暴饮暴食、熬夜等不规则生活可能是原因之一。位于表皮层最下层的基底细胞反复分裂，1个月之后成为角质细胞，自然脱落（新陈代谢）。如果不健康的生活导致细胞再生所需的营养元素不足，那么新陈代谢过程中表皮层细胞自身制造出的细胞间脂质和天然保湿因子就会不足，导致肌肤屏障功能降低。鉴于这个原因，年底和年初的疲劳所带来的影响会在这个时期突显。充分保湿、修补肌肤屏障尤为重要。

28

基础护理
清洗
卸妆
刺激

卸妆产品应选择可冲洗的类型

　　卸妆产品会刺激皮肤吗？卸妆湿巾或用纸巾等擦拭的卸妆产品会因摩擦而刺激皮肤。因此，每天都使用的卸妆产品要选择可冲洗的类型。其中，要用很烫的热水才能冲洗干净，或冲洗过后仍会觉得滑腻的产品，可能会去除过多的皮脂，残留的油分也可能刺激皮肤。而能用温水轻松冲洗干净的产品给皮肤造成的负担最少，最令人安心。这类产品有乳状、油状、霜状等各种类型，可根据自己的喜好选择。

基础护理
清洗
卸妆

卸妆油

可以使用便宜的卸妆产品吗

29

你是否认为"卸妆产品只是用来卸除妆容的，不是为了保湿或抗衰老，不需要花太多钱在上面"，因而选择尽可能便宜的卸妆产品呢？实际上很多人都有过卸妆产品导致皮肤粗糙、干燥等皮肤问题的经历。卸妆不是"只要将污垢卸掉就可以"的过程，而应"一边守护皮肤一边卸除污垢"，这种意识对防止皮肤老化非常重要。因此，选择卸妆产品时不能只考虑价格因素，要先用下试用装确认其质地，然后选择最适合自己皮肤的产品，即使这种产品的价格稍贵。

卸妆时间为1分钟

30

基础护理
清洗
卸妆

你每次花多少时间卸妆呢？

如果是冲洗型卸妆产品，建议在涂抹后的 1 分钟内冲洗干净。1 分钟足够让彩妆和卸妆产品融合、乳化并卸除。卸妆产品是用来卸除化妆品的油分的，如果停留在皮肤上的时间过久，就会连皮脂和细胞间脂质一起卸掉，这一点必须要注意。如果无法在 1 分钟之内连眼妆一起卸除，那么请在卸除整体面部彩妆前，先卸除眼妆（参考 1 月 31 日的内容）。

重新确认卸妆的方法

31

基础护理
清洗
卸妆

卸妆前不要浸湿面部，让面部保持干燥状态。眼部化了浓妆时，参考下列步骤先卸除眼妆，然后再卸除面部整体的彩妆。卸妆霜、卸妆乳、卸妆油的涂抹要点和保湿霜的涂法（参考1月25日的内容）相同，即轻柔地涂抹在面部，注意不要摩擦皮肤。之后再用温水冲洗干净，卸妆就结束了。

眼妆的卸除方法

① 将眼妆专用卸妆产品倒在两片化妆棉上，直至化妆棉的反面也完全浸湿。将其中一片化妆棉置于下眼皮下面。

② 将另一片化妆棉置于上眼皮。静置10~15秒后顺着睫毛向外慢慢抹去。

FEBRUARY

2月

有些地区仍然大雪绵绵，
有些地区已然漫天花粉。
保湿措施依旧不容疏忽，
而花粉症患者必须提前开始预防。
很多人会在春天开始尝试新事物，
不妨先学习下温和不刺激的化妆法吧。

花粉开始飞舞前

对花粉症患者而言，痛苦难熬的季节即将到来，是时候开始为对抗花粉做准备了。引起过敏的花粉一年四季都飘散在空气中。在日本，引起花粉症的主要是杉树花粉，每年 2 至 4 月期间的花粉飞散量达到最大。有些地区飞散量多的日子会持续到 6 月上旬。在中国的一些北方地区，每年春季杨柳絮漫天飘扬，也是过敏高发的季节。在花粉开始飞散之前就服用抗过敏的药物，可有效减轻过敏症状。

世界三大花粉症

杉树花粉症、稻科花粉症和豚草花粉症被称为世界三大花粉症。杉树多生长于日本，因此杉树花粉症常见于日本。稻科花粉症常见于英国等欧洲国家，其飞散高峰发生在 5 至 7 月。豚草花粉症则常见于美国，其飞散高峰发生在 8 至 10 月。除此之外，全世界还存在很多其他花粉症，如果过敏体质的人要去海外旅游或出差，最好提前查询一下目的地是否处于当地花粉飞散的高峰期。

2

基础知识
化妆品
雌性激素
刺激

在生理期后、排卵期前试用化妆品

　　你是否有使用试用装的习惯？化妆品的春季新品信息一般在这个时期发布。拿到试用装后，不要马上使用，先和自己的皮肤商量一下吧。皮肤出现问题，比如皮肤干燥时会变得容易受刺激。而且从生理期前到生理期，受孕激素的影响，皮脂分泌会变得旺盛，导致皮肤变得敏感。这种时候使用从未用过的化妆品容易造成皮肤问题，让人无法判断化妆品是否适合自己。如果要使用试用装，请在生理期结束后、排卵期开始前，没有皮肤问题的时候使用。

生理期和雌性激素的变化

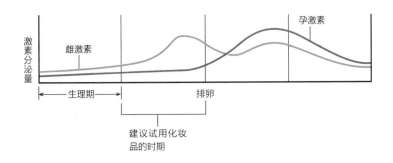

3

饮食

1天要有1餐食用豆制品

又到立春时。在日本，立春的前一天叫"节分"。节分的原意是"划分季节"，是代表季节交替的立春、立夏、立秋、立冬的前一天。也就是说一年有 4 个节分。其中立春作为一年的开始，尤其受到人们的重视，不知从何时起，提到节分，一般只指 2 月份的节分。

节分让人联想到"撒豆驱邪"。据说这是从中国传入日本的习俗。在日语中，"豆"和"魔灭"的发音相同，象征着无病无灾。

撒豆驱邪一般使用大豆。大豆中含有丰富的蛋白质，甚至被称为"田地里的肥肉"。其氨基酸含量也十分均衡。而且，大豆中还含有大量膳食纤维、钾、钙、镁、铁、锌、铜、维生素 B_1、维生素 E、叶酸等营养元素。蛋白质是组成人体肌肉、内脏、皮肤等组织的重要成分，也是健康和美容不可或缺的营养元素。建议每天食用 1 次豆制品。1 天的食用标准为半块豆腐（110g）、1 盒纳豆（40g）或 1 份煮毛豆（80g）。

大豆的种类及大豆制品

毛豆（大豆未成熟时的产物）、豆芽（大豆发芽时的产物）、黄豆粉（大豆煎炒后研磨而成的粉）、炒大豆、煮大豆、纳豆、味噌、酱油、豆奶、豆皮、豆腐渣、豆腐和油炸豆腐等。

4

立春前后

饮食
雌性激素

摄取大豆异黄酮

　　大豆中含有功能与雌性激素相似的大豆异黄酮。它是黄酮类化合物①（多酚中一种重要的色素成分）的一种，也是植物激素的一种。其化学结构和雌激素相似，可以通过和雌性激素受体结合，发挥类似于雌激素的生物学作用。这种方法据说可以有效地减轻更年期综合征症状、预防骨质疏松症。此外，大豆异黄酮还有增加胶原蛋白、保持肌肤弹力、提高新陈代谢以及促进肌肤再生的功能。

有雌马酚的人和没有雌马酚的人

　　你知道有些人容易受益于大豆异黄酮，有些人则不然吗？可以借助肠道微生物菌的力量，将大豆异黄酮中含有的大豆黄素转化为"雌马酚"的人容易受益于大豆异黄酮。因为雌马酚的功能比大豆黄素更接近雌性激素。20~30岁的日本人中，拥有肠道微生物菌（生成雌马酚的细菌）的人占20%左右，数量较少。当然，不同国家、不同年龄层，比例也会有所不同。这主要取决于肠内环境的差异。在意的人可以通过保健品补充雌马酚。

注：① 蓝莓中含有的花青素、茶叶中含有的儿茶素也属于黄酮类化合物。

花粉是否会让皮肤发痒

5

生活环境
过敏
皮肤粗糙
痒
保湿

皮肤最近有没有发痒呢？如果发痒，可能是花粉引起的过敏性皮炎。抓挠会导致其恶化，需尽早去皮肤科就诊。这个时期，如果因为花粉而得了过敏性皮炎，那就意味着肌肤的屏障功能降低了。因为如果肌肤屏障功能正常，即便是花粉症患者，皮肤也不会变得粗糙、发痒。每年都会在这个时期感到肌肤瘙痒的人，应在花粉开始飞舞前就用保湿霜保护皮肤。另外，也建议使用低刺激的化妆品。

擤完鼻涕后记得涂凡士林

6

皮肤粗糙
刺激

你是否在为擤鼻涕擤到鼻子发红而烦恼呢？擤鼻涕时，用纸巾揉搓鼻子会损害角质层，降低肌肤的屏障功能。如果鼻涕碰触到皮肤，鼻涕中含有的盐分等物质也会刺激皮肤，引发炎症。因此，在擤完鼻涕后将凡士林或油①涂抹在鼻子下方。这么做可以将鼻涕隔离在外，防止进一步恶化。此外，使用的纸巾也要选择对皮肤温和无刺激的类型。

注：①建议使用芳疗中的基底油（荷荷巴油、甜杏仁油等）。

7

过敏
痒
治疗

治疗花粉症的滴鼻肉毒杆菌是什么

花粉症一般通过内服抗过敏药、使用滴鼻剂、滴眼药来治疗。但是，药物会让人犯困、口渴，甚至感觉疲倦。为了消除这些不安，可以选择滴鼻肉毒杆菌治疗法。这种治疗法只需将肉毒杆菌（参考10月15日的内容）滴在鼻黏膜上，无痛、无感，两分钟就能结束。肉毒杆菌可以抑制副交感神经的作用，减少鼻涕的量，美国食品药品局（FDA）已经认可其对过敏性鼻炎的作用。除此之外，它还能有效地缓解眼睛发痒。滴鼻当天立即生效，且可持续约2~4周。也可以和抗过敏药物一起使用。

8

饮食

吃茼蒿，让肌肤年轻不生锈

茼蒿是冬天吃火锅必不可少的蔬菜，其最佳食用时间是11月至次年3月下旬。茼蒿富含具有强抗氧化作用的 β - 胡萝卜素、多酚以及促进肌肤新陈代谢的维生素 B_2，具有"防锈"功能。它还含有支撑人体骨骼必不可少的钙以及与成长息息相关的铁。此外，α - 蒎烯、苯甲醛等10种成分赋予了它独特的香味。茼蒿作用于自律神经，可提高肠胃功能。嫩叶还可以生吃。

衣物会引发皮肤问题吗

9

生活环境
刺激

今天，我们要谈一下衣物对皮肤的刺激。马海毛、羊毛、粗花呢、金银线织物等扎人的衣料和高领衣物等容易刺激皮肤。如果衣物接触到的部位变红或发痒，那就要防止这件衣服直接碰触皮肤，或不再穿它。衣物刺激引起的炎症如果一再反复，会造成色斑和暗沉。另外，如果衣服（尤其是内衣）太紧，可能会引起痱子或荨麻疹。买衣服时，请确认其触感和松紧度。

财富和权力的象征，化妆的历史

10

基础知识
化妆
紫外线
生活环境

化妆的历史源远流长，早在古埃及的壁画中就出现了化着妆的女性。普遍认为，化妆的历史始于涂抹岩石、贝壳、昆虫甲壳的粉末。其目的有三个，即保护肌肤、驱魔、增加外表魅力。化妆的目的是保护肌肤免受紫外线、干燥的空气和高温的伤害以及预防传染病、皮肤病。化妆也是守护美丽的一种手段，其原理和护肤一样。另外，当时使用的胭脂和铅白粉与黄金拥有同等的价值，化妆也是财富和权力的象征。

11

皮肤出现问题后要怎么化妆

基础知识
化妆
精神
粉刺

　　曾经有人问我："脸上有粉刺，是不是最好不要化妆？"确实，肌肤发生炎症时，需要对使用的化妆品的种类和涂抹方法加倍注意。但是只要遵守这些注意点，就可以放心化妆。

　　如果不化妆，你是否就不想见人，是否会低着头走路，是否就没有那么自信了？某研究表明，化妆后皮质醇（肾上腺皮质分泌出来的激素）会增加，让人处于兴奋的状态。也有调查显示不安、失落、疲劳、烦躁、愤怒等情绪会因化妆而减少，相反，情绪会高涨。精神状态会给肌肤带来不小的影响。化妆能让人积极向上，让人拥有自信。因此，即使皮肤有问题，用心化妆也能让你的皮肤由内而外散发出美丽的光芒。这就是化妆的力量。

了解医疗化妆

有很多患者因特应性皮炎、色素异常症、烫伤、伤疤或生病引起的红斑、白斑、青紫伤痕被人看到而感到万分痛苦。其中，不乏因为害怕外出见人，无法正常工作，甚至出现抑郁症症状的人。对于这类人群，我建议尝试医疗化妆。医疗化妆是一种遮盖令人困扰的皮肤颜色、凹凸等问题的特殊化妆法。它可以提高患者的 beauty QOL^①，并辅佐完善造成皮肤问题的疾病的治疗。如有需求，请咨询皮肤科医生。

12

基础知识
化妆
精神

睫毛又少又短可用睫毛增长液

如果你正在为睫毛稀少、过短、过细而烦恼，那我建议你使用医疗用的睫毛增长液（Lumigan®、GlashVista®）。医疗机构使用的睫毛美容液可以有效地延长睫毛的生长期可以让睫毛变长、变粗。只要在睡前用棉签蘸取 1 滴，涂到上睫毛根部，1 天使用 1 次。使用后 8 周内显现增长效果，16 周时达到最大效果。这种增长液原本是治疗青光眼的药，其副作用具有增长睫毛的效果。如有需求，请咨询皮肤科医生后使用。

13

基础知识
治疗
化妆
眼周

注：① beauty QOL，美容生活质量，beauty quality of life 的简称。

14

情人节

基础知识
饮食
粉刺

容易长粉刺可以吃巧克力吗

今天是情人节，是纪念罗马时代的神父圣瓦伦丁的日子。因此，今天要讲关于巧克力和粉刺。"吃巧克力会长粉刺"这一说法无据可循。但是，有数据表明"糖类摄取过多会导致粉刺恶化"，应避免食用过多含糖量高的巧克力。粉刺不是只要这么做，或只要不这么做就能立刻治愈的东西，最重要的是应该尽量避免或节制可能诱发粉刺的事物，比如，如果你吃一整盒巧克力会长粉刺，那就把量减少为半盒。

15

饮食

多吃西蓝花，塑造美肌

西蓝花的最佳食用时期为每年的 11 月至次年3 月。只要吃 100g，就几乎能摄取 1 天所需的维生素 C。西蓝花除了含有为肌肤带来弹力和张力的维生素 C 之外，还含有具有抗氧化作用的 β - 胡萝卜素、保护皮肤和黏膜的维生素 B_2、强化肌肤的叶酸以及促进骨骼生长的铁元素。为了让肌肤美美的，我们要多吃西蓝花哦。维生素 C 水溶性较强，建议水煮食用。将大小适中的西蓝花和 1 杯水倒入平底锅中，盖上盖子，大火加热 2~3 分钟。可以淋上酱汁做成拌菜，也可以用来炒菜或做意大利面。

16

化妆
粉底
保湿

干皮的人要使用含保湿成分的粉底

你使用的粉底是否适合自己的肤质呢？局部皮肤容易干燥的人，应使用加入了保湿成分的粉底。最好的方法是先在面部涂抹粉底霜，再在担心会出油的部位扑上散粉。敏感肌肤的人使用粉饼时，最好选择皮脂吸附力较弱、不含滑石粉、纯矿物质的产品。油性肌肤的人建议使用粉饼或控油的粉底液。用过试用装后再购买哦。

17

化妆
粉底
刺激

跟粉饼附带的粉扑说再见

如果你习惯用粉饼附带的粉扑擦粉的话，请从今天开始换成扑散粉用的大粉扑吧。这样可以减少每天化妆时摩擦皮肤的风险。选择散粉扑时应选体积较大、皮肤触感较好的产品。涂抹时，用粉扑蘸取粉饼，然后轻压面部，就像在面部盖章一样。眼睛下面和鼻翼等部位，要将粉扑对折后使用。

18

化妆
刺激

用柔弱的无名指化妆

今天化妆时，你用了哪根手指呢？如果使用食指，就会在不知不觉中加重力气，摩擦皮肤。因此，将粉底液、眼影、霜状腮红等涂抹到皮肤上，或在皮肤上晕染开来时，要使用无名指。因为与其他手指相比，无名指最使不上力。如果是涂抹脸颊等面积较大的部位，可以加上中指一起涂抹。

19

化妆
刺激

化妆刷要选用动物毛类型的

颧骨部位是否长了色斑呢？如果每天使用的腮红刷等化妆刷的材料差，就会持续不断地刺激皮肤，甚至有可能导致色斑。建议使用由松鼠、山羊、黄鼬、鼹鼠等动物的毛制成的刷子。动物毛越靠近尖端越细，一根一根的毛呈波浪状，带来的皮肤触感十分舒服。

用动物毛制成的刷子毛量比较多，能蘸取更多的粉。而且它的表皮层和人类头发的表皮层十分接近，更容易让粉末停留在毛刷上，也能让妆容更加服帖。因此，可以减少在皮肤上来回刷的次数。

20

过敏

什么是过敏

今天是免疫学家石坂公成、石坂照子发现 IgE 抗体[①]，并在美国过敏学会上发表的日子。危害人体的异物侵入人体时，机体会对其发起攻击，这叫作"免疫反应"。它是人体自我防御的一种重要反应。但是，当这种反应超出正常范围，即对无害物质也发起攻击时，它就会伤害自己的身体，这就是过敏。过敏引起的皮肤问题（过敏性皮肤病）包括荨麻疹、特应性皮炎、接触性皮炎等。

21

化妆
化妆品
刺激

小心廉价化妆品

你是否沉迷于廉价化妆品呢？市面上 100 元以内的化妆品种类繁多，你可以简单轻松地尝试各种妆容。这是廉价化妆品的一大优势。但是，其中也有一些产品含有大量杂质。特别是粉底，它是护肤后直接涂在皮肤上的化妆品，一定要选择可以信赖的制造商生产的优质产品。涂抹廉价的眼部化妆品和腮红时，为了尽量减少对皮肤的刺激，要在护肤后先涂抹粉底，为皮肤创造出一张保护膜后再涂抹。指甲油也同理。涂抹廉价的指甲油前，要先涂抹一层令人放心的制造商生产的底油。

注：① 一种免疫球蛋白。变应原进入人体后，人体攻击它时产生的物质。

22

化妆
·········
粉刺
·········
刺激

痘痘肌的化妆手法

　　虽说有粉刺，但也没必要因此放弃化妆。化妆时多加注意就可以了。控制容易导致粉刺恶化或增加的油分，避免摩擦皮肤。当然，也不能把痘痘挤破。挤破后，会导致粉刺恶化，甚至留下痘印，因此要格外注意。对于长在眼窝的粉刺，几乎无计可施，建议采用能将视线集中在眼部妆容上的化妆手法。

痘痘肌的化妆步骤

① 洁面后，涂抹清爽型的保湿乳液和防晒产品。

② 在长粉刺的部位，用痘痘肌专用化妆品系列的遮瑕笔轻轻地点上。注意不要摩擦皮肤。

③ 粉底使用粉饼。用大粉扑蘸取粉饼，然后轻压皮肤，就像在面部盖章一样。眼睛下面和鼻翼等细微的部位，要将粉扑对折后扑粉。

④ 用大刷子蘸取腮红，然后从脸颊中央向外侧轻轻刷过。

⑤ 接着化眼妆和唇妆。

特应性皮肤的化妆手法

患特应性皮炎的人化妆时，最重要的是不让皮肤干燥。不仅要在妆前做好充分的保湿工作，还要避免使用让皮肤更加干燥的产品（含吸附皮脂的滑石粉的粉底等），同时也要注意不摩擦、不刺激皮肤。眼周炎症严重时，眼妆应比平时淡。

化妆
过敏
保湿
刺激

特应性皮肤的化妆步骤

① 轻柔地洁面后，涂抹保湿霜等产品，做好充分的保湿工作。如果正在使用治疗湿疹的药物，请在上药之后再涂抹保湿产品。

② 如果要使用粉饼，应选择皮脂吸附力较弱、含保湿成分、无滑石粉、纯矿物质型产品。用大粉扑蘸取粉饼，然后轻压肌肤，就像在皮肤上盖章一样。眼睛下面和鼻翼等细微的部位，要将粉扑对折后扑粉。如果要使用粉底霜，应选择含保湿成分的产品。涂法与保湿霜相同（参考 1 月 25 日的内容）。之后再用大粉扑蘸取散粉，像盖章一样扑在会出油的部位。

③ 接着再涂抹腮红，化眼妆和唇妆。由于皮炎反复发作，特应性皮炎患者的眉毛可能会比较淡，不要忘了画眉毛。另外，选用霜状的腮红和眼影不容易引起干燥。

半永久化妆要保守

24

化妆

寒冷的清晨，为了在被窝里多待一会儿，你可能会想到可节省化妆时间的半永久化妆。半永久化妆通过在皮肤里注射色素，使得眉毛和眼线看上去更自然美观。因为是在表皮层中注射色素，所以据说几个月后颜色就会慢慢消失，很安全。但在实际操作过程中，很难做到只注射到表皮层，过了好几年颜色也不消退、注入色素的部位出现肿胀等案例屡见不鲜。如果要做半永久化妆，请在由专业医生做手术的诊所进行。另外，能让外眼角向上挑的眼线，随着肌肤日渐松弛，可能会让松弛更加明显。因此，在设计和颜色上还是保守一点比较稳妥。

卸妆湿巾仅在非常时刻使用

25

卸妆
清洗
刺激

你是否每天都用卸妆湿巾卸妆呢？湿巾型的卸妆产品既简单又方便，但是擦拭时容易摩擦皮肤。请只在"没时间""出门在外"等非常时刻使用卸妆湿巾。使用时要让湿巾紧贴皮肤，等彩妆完全溶解后再轻柔地从皮肤表面滑过去。不要用一张湿巾拼命卸掉所有妆容，也不要用脏了的湿巾继续摩擦皮肤。不要舍不得，湿巾脏了就换一张。

化妆品过敏的真相

26

化妆
过敏
刺激

　　这个时期皮肤容易干燥，很容易导致肌肤的屏障功能变弱，因此很多人会对化妆品过敏。"涂口红的部位肿起来了""刷眼影的地方变红、发痒"时，人们常说是化妆品过敏了。这里的"过敏"指的是接触性皮炎，由直接接触皮肤的物质引发，常伴有发痒、发红、湿疹等症状。

　　化妆品过敏大致分为两类。一类是"过敏性接触皮炎"。是体内抗体排除异物（变应原）时产生的。化妆品中含有的金属成分（着色剂等）、化妆工具采用的金属成分（镀镍等）、保存剂、表面活性剂等各种成分都可能引起这种皮炎。即使症状消失了，再次接触到相同物质时，还会发生相同的反应。这是它的一个特征。

　　另一类化妆品过敏是"刺激性接触皮炎"。它的产生原因是外部刺激物接触皮肤过多、过久，导致皮肤对刺激物的吸收变多。常发生在因摩擦皮肤产生的刺激和干燥等因素导致肌肤屏障功能减弱的部位，长时间连续使用面膜也是一大诱因。这种化妆品过敏不是对化妆品成分的过敏反应，而是由使用者皮肤状态或错误的化妆品使用方法造成的过敏。因化妆品过敏来诊所就诊的人大部分是刺激性接触皮炎。因此，皮肤过敏时，首先要考虑是不是自己的皮肤状态或化妆品的使用方法有问题。而且，尽早去皮肤科治疗皮炎，阻止恶性循环十分重要。

27

化妆
过敏

利用贴布试验检查化妆品是否适合自己

　　担心使用某种化妆品后肌肤会过敏时，可以自行试一下简单的贴布试验（皮肤过敏测试）。贴布试验原本是皮肤科为了调查过敏原因而进行的检查。但如果只是为了简单地判断，也可以自己进行。

　　大家可以试试开放性贴布试验。首先，取 1 元硬币大小的待测化妆品，薄薄地涂在上臂内侧（肥皂、洁面产品、洗发水要稀释 100 倍后再涂到皮肤上）。静置 48 小时，维持原样，不要去碰它。在此期间，如果涂抹部位发生异常，如发红、发痒、出疹子或起水泡，就说明皮肤可能会对这种化妆品过敏，应立即冲洗干净。48 小时后，如果没有发生异常，就说明皮肤对该化妆品过敏的可能性较低。

涂上让你不放心的化妆品
后，放置 48 小时，注意不
要弄湿涂抹部位。

28

嘴唇
治疗

嘴唇上起小水泡，可能是口唇疱疹

嘴唇上起了小水泡，可能是口唇疱疹。口唇疱疹是由单纯疱疹病毒感染引起的，表现为皮肤、黏膜处长小水泡、糜烂等。这种病毒拥有很强的感染性，除了直接的接触外，还会通过携带病毒的毛巾或玻璃杯感染。因此，夫妻、亲子等关系亲密的人之间容易发生感染。成人的口唇疱疹大部分是在婴幼儿时期感染的（基本没有症状），一直潜伏着的病毒在免疫力因感冒等原因降低时，以口唇疱疹的形式爆发出来，请尽早去皮肤科治疗。

29

嘴唇
治疗

嘴唇上长了血疱，可能是静脉湖

嘴唇上长了像血疱一样的东西，而且怎么也治不好时，可能是静脉湖。

静脉湖是一种青紫色类圆形的物质，尺寸从米粒大小到红豆大小不等。常见于老年人，除了嘴唇外，还会发生在面部或耳郭等部位。主要病因是血管扩张。嘴唇的静脉湖是嘴唇黏膜下层深处的部分血管扩张造成的。它不会自然消亡，需要通过手术切除或激光照射来治疗。担心的人可以咨询皮肤科医生。

3月

MARCH

天气渐暖，
心情也变得雀跃、躁动起来。
同时，也让很多人的皮肤状态变得不太稳定。
为了打造可以承受任何环境变化的皮肤，
通过保湿，完善肌肤屏障功能尤为重要。
另外，防紫外线对策
也要开始逐步加强了。

脱掉紧身裤之前，先进行腿部护理

你的小腿是否很干燥？腿毛是不是长长了？脚后跟是不是变硬了？这时候差不多该脱掉紧身裤，换上丝袜了。从今天起，开始腿部护理吧。小腿干燥时，用剃刀刮毛会伤到皮肤，第一步要从解决干燥开始。请至少连续一周涂抹含具有保湿效果的肝素等类似物质的保湿霜（参考 1 月 25 日的内容）。干燥问题得到缓解后，再用正确的除毛方法处理多余的体毛（参考 6 月 25 日的内容）。同时，也要开始脚后跟及脚趾的护理。

腿
干燥
保湿

硬邦邦的脚后跟，用尿素来拯救

脚后跟是不是很粗糙？针对角质变硬的脚后跟，可以涂抹含尿素的保湿霜。尿素是肌肤拥有的天然保湿因子（NMF）之一，存在于角质层内。也就是说尿素是一种具有保湿作用的成分。但同时需要注意，它也具有分解蛋白质的功能。角质是由蛋白质组成的，只要连续涂抹 1 周尿素，硬邦邦的脚后跟就会变得柔软。

角质过厚时，可以在洗完澡后，用脚后跟专用的去角质锉刀轻柔地将其磨掉，然后再涂抹霜。白天，涂完霜后穿袜子，会提高其渗透力。

腿
干燥
保湿

女儿节饮甜酒

3

饮食

今天是日本的女儿节，有饮白酒的习俗。但是白酒的酒精度都至少在 10 度左右，儿童无法饮用，现在一般都用甜酒取代。甜酒有两种，一种是在酒糟中添加砂糖制成，一种是让酒曲糖化制成。这里为你介绍的是有益皮肤和减肥的后者。这种甜酒含有容易转化成能量的葡萄糖，氨基酸含量也很丰富。尤其值得注意的是它还富含 B 族维生素。B 族维生素具有促进体内糖类代谢、维持皮脂分泌正常、保持黏膜和皮肤健康的作用。

甜酒的酿制方法

材料

酒曲	1 袋（200g）
大米或糯米	150g
水	适量
盐	少许

酿制方法

① 将洗干净的大米放入电饭锅，加水至煮 450g 米所需水量的刻度，做成粥。

② 打开电饭锅盖，将粥搅拌均匀，再用纱布盖住，静置冷却至 60℃左右。

③ 在②中加入揉匀的酒曲，搅拌。

④ 用纱布盖住，按下电饭锅的保温键，保温 10 小时（温度保持在 55℃左右，期间搅拌 1~2 次）。

⑤ 将内胆从电饭锅中取出，冷却。

⑥ 加入和⑤相同分量的水及少许盐后，放回电饭锅。开着锅盖，按下煮饭的开始键。等到表面冒泡时，就完成了（注意不要沸腾）。可以在冰箱冷藏保存 3~4 天，冷冻保存 1 个月左右。

现在的紫外线强度和9月中旬一样

4

基础知识
紫外线

据统计，每年从这个时候开始，紫外线强度和9月中旬一样多了。从现在开始，我们就要意识到自己每天都暴露在肉眼看不见的紫外线下，正在受到它的摧残。因此每天都必须涂防晒产品。

日本各地紫外线每个月的照射量（kJ/m²/日）

3月紫外线照射量增加，一直到10月，紫外线带来的影响力都很强。

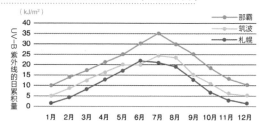

肌肤衰老的原因中，紫外线占80%

5

基础知识
紫外线

你知道吗？经常暴露在紫外线下的人和几乎不接触紫外线的人，肌肤衰老的速度有很大的差别。年龄的增长当然也是肌肤衰老的一个原因，但80%都是由紫外线造成的。某皮肤科学家在医学杂志[1]上发表的研究中提到，美国的一位卡车司机在28年的驾车生涯中，左侧一直受到太阳光的照射，结果只有左半边脸出现了明显的光老化症状，肌肤渐渐变得粗糙，并刻满深深的皱纹。病理检查的结果发现左侧皮肤真皮层内弹力纤维的构造发生了变化，且出现了粺粒瘤。因此，让我们彻底隔绝紫外线，延缓肌肤衰老吧。

注：① 《The New England Journal of Medicine》（新英格兰医学杂志）

6

体寒

用艾灸改善体寒

在日本，农历二月初二是"二月灸"的日子。据传，这一天如果做了艾灸，一整年都能无病无灾，疗效也是平日的两倍。艾草散发出的热是包含油分、水分的"湿热"，能够将热度带到身体的各个部位，让身体由外到里慢慢变热。坚持艾灸，能在一定程度上改善体寒症状。初学者建议采用"台座灸"，这种方式下，燃烧着的艾草不会直接接触皮肤。准备好打火机和盛放艾柱的小碟，让我们开始吧！

对改善体寒有效的艾灸穴位

三阴交穴

女性必知的一个穴位。对女性独有的症状有效。可以提高内脏功能，促进血液循环。

位于脚踝内侧中心向上四指宽左右的地方。

阳陵泉穴

提高代谢的穴位。可以恢复温暖身体的能力。

在小腿外侧，腓骨头前下方凹陷处。

中脘穴

调理肠胃功能、温暖内脏的穴位。可以提高代谢能力，恢复温暖身体的能力。

位于肚脐向上五指宽的地方。

足临泣穴

对腰部以下的体寒症状很有效。也可以缓解体寒引起的肌肉痛。

位于足背外侧，第四趾、小趾跖骨夹缝中。

7

基础知识
....
紫外线

可穿透玻璃、让皮肤变黑的UV-A

　　紫外线迅速增加的春天即将到来。趁现在，来了解紫外线、攻克紫外线吧。为了拥有美丽的肌肤，必须防御太阳光中的 UV-A 和 UV-B。这两种物质各有特点，对皮肤的影响也不同。首先，我们来了解一下 UV-A。地面上的紫外线中，约 95% 都是 UV-A。其波长较长，到达地表的量较多。除此之外，还有以下特征。

　　● 照射到之后，会促进肌肤中原有的黑色素氧化，使其颜色变深，从而让皮肤变黑（晒黑）。

　　● 可以到达肌肤深层的真皮层，让保持肌肤弹力的胶原纤维和弹力纤维变质，造成皱纹和松弛。

　　● 可以穿透玻璃，不论什么气候，不论什么季节，都会毫不客气地直射下来。

　　● 会被生物体内的各种分子吸收，生成的活性氧会给 DNA 和细胞膜带来氧化性质的损伤。

太阳光的主要种类

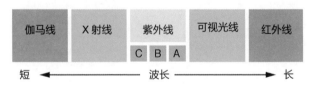

伽马线、X 射线和紫外线 C 波（UV-C）被臭氧层阻挡，不会到达地面。

会伤害DNA、让皮肤变红的UV-B

8

基础知识
紫外线
粉刺

普遍认为 UV-B 的日晒能力是 UV-A 的 600~1000 倍。它是波长较短的紫外线，对细胞的伤害性极强，主要作用于表皮层，造成晒伤，让皮肤变红，有灼烧感。除此之外，还有以下特征。

● 生成黑色素，引起色斑、肤色暗沉、干燥或粉刺等皮肤问题。

● 会直接被细胞核内的 DNA 吸收，对它造成损伤。有报道称，暴露在夏天的太阳光下 1 个小时，就会给细胞造成严重损伤。肌肤虽然会因人体自带的修复功能和细胞的自然死亡而恢复，但长期反复也会发生癌变。

UV-A、UV-B 对肌肤造成的影响

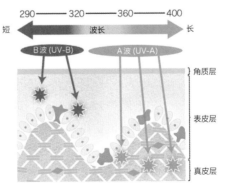

UV-A 可以到达真皮层，增加黑色素的量，同时让胶原纤维和弹力纤维变质。
UV-B 主要作用于表皮层，让皮肤发红，也会直接被 DNA 吸收，对其造成损伤。

DNA因紫外线受损后会怎么样

　　DNA 是细胞的设计图。皮肤的细胞具备修复 DNA 损伤、恢复 DNA 的结构。但是，如果 DNA 的损伤过大，或反复受损，超出了自身的修复能力，那么细胞就有可能死亡，或修复时出现错误，生成错误的遗传信息（突变）。这种突变就是导致皮肤癌的原因。据说人在 20 岁之前照射到的紫外线量占了一生能照射到的紫外线量的 80%，当然这也要看个人的生活习惯。因此，为了不增加 DNA 的损伤，从孩童时期起就应该开始防紫外线。从现在开始的紫外线防御对策必须万无一失。

涂防晒产品的原则是厚涂

　　今天早上你涂了多少防晒产品呢？面部涂抹一次的标准是 3 个 1 元硬币大小的量。你可能觉得有点多，但事实上，如果只是薄薄地涂一层，即使是 SPF50 的防晒产品，也只能达到 SPF10 的效果。SPF 值和 PA 值是以"$1cm^2$ 肌肤涂抹 2mg 防晒产品"为标准测定出的防晒效果，这个量需要涂相当厚的一层，实际上很难达到数值所示的效果。因此，防晒产品一定要厚涂。出汗后，防晒效果会减弱，一般 3~4 个小时就要重涂一次，在室外活动时每 2~3 个小时就要重涂一次。

11

防晒产品涂在皮肤表面即可，无须搓揉使其渗透

紫外线
防晒
刺激

今天我们来了解一下防晒产品的涂法。涂抹时，有些人为了让它渗透进皮肤，会用力涂抹，但如果一直这样涂，会造成色斑和皱纹。涂抹防晒产品时，只要均匀地盖住皮肤即可，不需要让其渗透。细小的部位也要细致、轻柔地涂抹。特别是颧骨、鼻子和额头，这些部位是面部比较高的地方，更容易照射到紫外线，一定要涂上厚厚的一层，充分遮盖住。眼睛下面等担心会长色斑的地方，也要多涂几层。

防晒产品的涂法

① 取 1.5 个 1 元硬币大小的防晒产品，点在面部的 5 个部位（额头、下巴、脸颊、鼻子）。再取同样分量的防晒产品，点在颈部和前胸的 5 个部位（参考左图）。

② 在皮肤上将防晒产品轻柔地推抹开。涂抹的基本手法是使用中指和无名指两根手指，或中指、无名指和中指三根手指的指腹。细小部位用无名指的指腹涂。

③ 从颈部到前胸，用手掌推抹开。

担心的部位要多涂几层

④ 重复①②③的步骤，一共涂两遍。之后，针对担心的部位再多涂几层。

⑤ 用大粉扑蘸取粉底或散粉，轻柔地按压皮肤，让防晒产品紧密贴合皮肤。

使用SPF50、PA+++以上的防晒产品

紫外线
防晒

从今天开始，升级你的防晒产品吧。外出时，要使用 SPF50、PA+++ 以上的防晒产品。做家务或处理文书工作时，SPF30、PA+++ 就足够了。但是，为了充分发挥防晒的效果，必须涂抹合适的量（参考 3 月 11 日的内容）。

什么是 SPF

SPF 值是体现对 UV-B 波防御效果的指标。具体是指在涂有防晒产品的皮肤上产生最小红斑所需能量，与未加任何防护的皮肤上产生相同程度红斑所需能量之比值，简单说来，它就是皮肤抵挡紫外线的时间倍数。也就是说，涂抹 SPF50 的防晒产品时，皮肤晒红的时间相比没有涂防晒产品的情况，可以延缓 50 倍。

确认PA值

基础知识
紫外线
防晒

购买防晒产品时，你是否认真确认其 PA 值了呢？ PA 值是防晒产品对 UV-A 防御效果的指标。而 UV-A 可以到达肌肤真皮层，使维持肌肤弹力的胶原纤维和弹力纤维变质，造成皱纹和松弛。"+"的数量越多，表示防御效果越强，如果你想预防肌肤衰老，就必须认真确认 PA 值。PA 值具体指的是与没有涂抹防晒产品时相比，皮肤晒黑所需时间能延缓的倍数。PA+ 能延缓 2~3 倍，PA++ 能延缓4~7 倍，PA+++ 能延缓 8~15 倍，PA++++ 能延缓16 倍以上。

使毛孔凸显的可能是紫外线

14

基础知识
紫外线
毛孔

你是否很在意毛孔？显眼的毛孔大致可分为五类：汗毛自身颜色较深的"汗毛毛孔"、因紫外线影响或接触刺激源而导致黑色素沉着的"发黑毛孔"、分泌过多的皮脂将毛孔撑大的"粗大毛孔"、皮肤受重力影响下垂成椭圆形的"下垂毛孔"以及过剩皮脂和角质夹杂在一起并堵在毛孔入口处的"堵塞毛孔"。其中，发黑毛孔、下垂毛孔、堵塞毛孔跟紫外线有很大的关系。因为紫外线会让角质变厚，从而堵塞毛孔，或损害保持肌肤弹力的弹力纤维。

防晒产品选择哪种质地的比较好

15

紫外线
防晒

请确认你现在使用的防晒产品的种类！防晒产品类型繁多，有霜状、啫喱状、粉状、喷雾状等多种形态，你使用的哪一种呢？适合面部涂抹的有能与皮肤贴合紧密、可以厚涂的防晒霜和滋润型的防晒乳液。清爽型的防晒乳液不能厚涂，会有损效果。选择防晒产品类型时，请以是否能涂抹多层为标准。涂抹在身体上时，可以选择延展性好的防晒乳液。涂抹在头发上时，防晒喷雾比较方便。补妆时，防晒粉配合防晒霜一起使用，可以维持更长的时间。

应避免使用紫外线吸收剂吗

基础知识
紫外线
防晒
刺激

防晒产品中含有的紫外线防护剂主要有两种：一种是紫外线散乱剂；一种是紫外线吸收剂。紫外线吸收剂在皮肤表面吸收紫外线，发生化学反应，可能会对皮肤造成负担。担心这一点的人可以选择只使用紫外线散乱剂的防晒产品。但是，这类防晒产品有个缺点，即会让皮肤发白。最近市面上的紫外线吸收剂中，有很多都可以抑制对皮肤的刺激，而且质量比较好。和紫外线散乱剂相比，效果更佳，持续时间更久。如果想要得到更好的紫外线隔离效果，建议使用同时含有比例均衡的紫外线吸收剂和散乱剂的防晒产品。

半年前使用的防晒产品，现在还能用吗

基础知识
紫外线
防晒
刺激

有人会问："去年夏天使用的防水防晒产品还有剩余，今年夏天还能继续使用吗？"虽然我能理解这种不忍浪费的心情，但在过去的 1 年内，它可能已经变质，请不要继续使用。化妆品最理想的使用期间是开封后的 1 个季度（约 3 个月）内。未开封的产品，原则上来讲，如果上面标有有效期限，就要在到期之前用完。如果没有标明有效期限，也要在 3 年内用完。但这也只是一个大致的标准，为了发挥最大的效果，请尽早使用。

在美容会所美黑

18

紫外线

皱纹

松弛

美容会所的美黑项目通过人工筛去严重损害细胞的 UV-B，仅用 UV-A 照射人体，以期达到晒黑的效果，因此号称安全无害。但实际上这是个极大的错误。肤色变黑意味着皮肤受到伤害，生成了黑色素。而且 UV-A 也会生成活性氧，损害 DNA，世界卫生组织已发出警告，表明美容会所施行的美黑项目会引发皮肤癌。UV-A 到达真皮层，会分解胶原纤维，促进弹力纤维变质，进而引发皱纹、松弛等肌肤问题。因此要谨记，UV-A 是美肤大敌。

用芜菁的叶子维持肌肤靓丽

19

饮食

今天我们吃芜菁叶沙拉吧。烹调芜菁时，如果不使用叶子，就相当于丢弃了用于美容的营养补充剂。芜菁叶拥有比根部更高的营养价值，它富含可以给肌肤带来弹力和张力的维生素 C、将糖类转化为能量的维生素 B_1、让皮肤保持正常的维生素 B_2。除此之外，还含有大量具有抗氧化作用的 β - 胡萝卜素、构建骨头的钙、属于 B 族维生素的烟酸、具有调节肠胃功能的膳食纤维等。最佳食用时间是 3 至 5 月以及 10 至 12 月。为了防止营养元素的流失，最好是生吃。可以切细做成沙拉或拌菜。

皮肤是否变得敏感

20

生活环境
皮肤粗糙
敏感肌肤
刺激

　　"粉刺突然冒出来了""皮肤干燥怎么都无法缓解""妆容不服帖"……最近你是否感觉皮肤经常出问题呢？如果是，那你的皮肤可能正处于"动荡肌"的状态。所谓动荡肌，是指随着气温或环境的急剧变化而变得敏感的皮肤状态，常出现在季节交替之际。当你感觉自己的皮肤处于"动荡肌"状态时，请进行最基础的皮肤护理（清洗、保湿、防晒），切忌过度护肤。如果之前一直使用的化妆品带给你刺痛感，请改用敏感肌肤专用的化妆品。

错误的皮肤护理会导致敏感肌肤

21

生活环境
皮肤粗糙
敏感肌肤
刺激

　　"敏感肌肤"并非皮肤科用语。它出自化妆品销售的调查问卷，是指肌肤屏障功能降低的肌肤，容易感受到衣服、头发、汗水、化妆品等带来的刺激，而这些刺激一般不会造成皮肤问题。很多人为敏感肌肤伤透了脑筋，殊不知敏感肌肤有时是自己在不知不觉中造就的。因此，先来检查一下自己护肤或化妆的方法吧。下一页列举了容易造就敏感肌肤的各种行为。符合的数量越多，皮肤就越容易陷入敏感肌肤状态。从今天起，尽量避免这些行为吧。

22

生活环境

敏感肌肤

刺激

检查敏感肌肤危险度

　　以下各项都是诱发敏感肌肤的行为，应尽量避免。检查自己符合的项目，并仔细阅读"→"后提示的日期所对应的内容。

敏感肌肤检查列表

☐ 每天使用擦拭型卸妆产品→2月25日

☐ 不会给洁面产品打泡→1月10日

☐ 早晨不洗脸→1月8日

☐ 每天用清洁型化妆水去角质→1月14日

☐ 早晨不涂面霜→1月19日、1月21日

☐ 因为容易长粉刺，所以不涂面霜→1月21日

☐ 涂抹美容液或眼霜时，搓揉皮肤，使其充分渗透→1月25日

☐ 为了预防肌肤松弛，每天都用很大的力度按摩→9月29日

☐ 敷面膜的时间超过规定时间→9月2日

☐ 去黑头离不开撕拉面膜→6月29日

☐ 防晒霜只涂薄薄的一层→3月10日

☐ 只在夏天涂防晒霜→1月4日

☐ 不出门时，不涂防晒霜→7月17日

☐ 擦粉饼时，拍打皮肤使其服帖→2月17日

☐ 眼周发痒时，仍化眼妆→2月26日

☐ 对化妆刷没有特殊要求→2月19日

☐ 除非皮肤干燥起皮，否则不会涂身体乳→9月30日

☐ 经常使用搓澡巾和磨砂洗面奶→9月3日

☐ 喜欢用很热的热水→11月26日

☐ 用浴巾充分擦洗全身→4月3日

注意"滋润指数"

23

基础知识

今天是"世界气象日",是为纪念世界气象组织(WMO)成立而设定的日子。

早晨出门前,你确认天气预报了吗?除了预报天气外,气象部门还会对紫外线强度和沙尘量进行预测。一些气象应用还会发布空气湿度,数值越低,表明空气越干燥,对皮肤的影响越严重。除此之外,你还能获得空气质量指数、感冒指数、暖气指数等有助于管理皮肤和身体的信息。因此,早上起床后,一定要确认这些信息哦。

你是否弄错了自己的肤质

24

基础知识
肤质

你了解自己的肤质吗?"因为局部出油,总是对整个面部都使用了油性皮肤专用的化妆品,结果导致皮肤变得粗糙",这种皮肤其实可能是中性皮肤(T字区出油、脸颊干燥的肌肤)。对中性皮肤进行了油性皮肤的护理,皮肤变得干燥、粗糙。诸如此类的例子屡见不鲜,因为对自己肤质的错误认识,导致采取的护理给皮肤带来粗糙、粉刺、暗沉、皱纹等问题。即便是昂贵的化妆品,如果不适合自己的皮肤,也会造成皮肤问题。现在来确认一下自己的肤质吧。

检查肤质的方法

25

肤质

今天，让我们来检查一下自己的肤质吧。

洁面后，不要在面部涂抹任何护肤产品，等待15~20分钟。确认皮肤状态符合下列哪一项，你就能知道自己的肤质了。这不过是一种简易的检测手法，想详细了解的人，还是需要咨询美容皮肤科的医生。

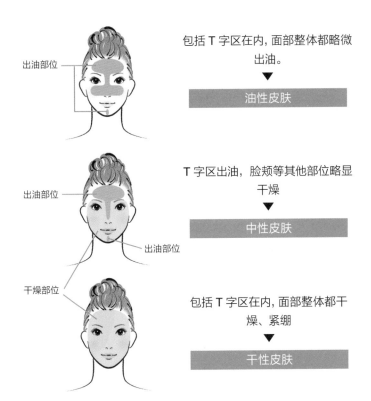

出油部位

包括T字区在内,面部整体都略微出油。
▼
油性皮肤

出油部位

出油部位

T字区出油，脸颊等其他部位略显干燥
▼
中性皮肤

干燥部位

包括T字区在内,面部整体都干燥、紧绷
▼
干性皮肤

什么是特应性皮炎

26

基础知识
过敏
发痒
刺激

特应性皮炎患者每逢季节更替肌肤状况就容易恶化。特应性皮炎是一种慢性皮肤炎（湿疹），伴随发痒的症状，时好时坏，容易反复发作。其根本诱因是"皮肤干燥、屏障功能异常"[①]，再加上各种各样的刺激和过敏反应，最终导致其爆发。成人之后，因日积月累的压力而恶化的情况也屡见不鲜（参考 3 月 27 日的内容）。

多数患者拥有特应性体质[②]，因为左右对侧性，幼儿时期手肘或膝盖内侧（四肢曲侧）、颈部经常出现特征明显的皮疹。特应性皮炎虽然是慢性的，但只要接受恰当的外用疗法治疗，就可以控制在与痊愈无二的状态。

治疗的目标是达到以下某种状态。

① 没有症状，即使有也是轻度的，不会影响日常生活，不太需要药物治疗。

② 轻度症状一直存在，但很少突然恶化，即使恶化也不会持续很久。维持这样的状态，可以让你免受病情所累，快乐轻松地生活。

注：① 特应性皮炎患者的神经酰胺含量仅为正常人的约三分之一，应通过充分的保湿护理，避免发生炎症。
② 造成特应性体质的原因有家族病史（有血缘关系的人曾经得过）、过往病史（患过支气管炎、过敏性皮炎、结膜炎、特应性皮炎中的 1 个或多个）或容易生成 IgE 抗体的体质。

成人的特应性皮炎是压力导致的

27

过敏
发痒
精神
刺激
生活环境

"脖子发痒，去医院检查，结果被诊断为特应性皮炎，真让人吃惊。"说这句话的是一位二十多岁的女性。像她这样，成年之后才被诊断为特应性皮炎的情况也不少。特应性皮炎原本只有拥有特应性体质的人才会发作，但事实上，很多时候发作的诱因都是压力。压力一大，就会影响血液循环，导致便秘、睡眠不足、自律神经失调等问题，给身体带来各种各样的变化。随后，肌肤屏障功能就会减弱，导致变应原容易侵入肌肤。这种状态如果一直持续下去，就会导致炎症。皮炎会使皮肤发痒，压力一大，就会感觉更痒，导致进一步的抓挠，形成一种恶性循环，请尽早去皮肤科咨询。

健康的皮肤和患特应性皮炎的皮肤

健康的皮肤
肌肤拥有屏障，变应原和细菌难以侵入。

患特应性皮炎的皮肤
肌肤屏障变弱，变应原和细菌侵入肌肤，导致湿疹。

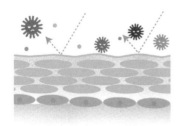

不痒

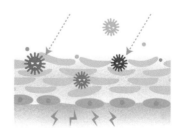

变得非常痒

28

饮食

生吃卷心菜，补充维生素C

3 至 5 月是春季卷心菜收获的时节。口感脆嫩，令人不禁想要生吃。卷心菜含有丰富的维生素 C，一片稍大的叶子就可以补充人体一天所需维生素 C 的约 20%。同时，它还富含增强肠胃黏膜的维生素 U、辅助钙发挥作用的维生素 K、具有调节肠道功能的膳食纤维。今天，就将卷心菜切丝，配上酱汁或盐等调料食用吧。生吃可以摄取更多水溶性强的维生素 C。另外，做成腌渍小菜也不错。通过乳酸发酵可以提高调节肠道的功能。

29

治疗

什么是类固醇类药物

家中是否备有类固醇类药物呢？类固醇类药物可以有效治疗痱子以及蚊虫叮咬引起的皮肤问题，家中时常配备会很方便。那么类固醇类药物到底是什么样的药呢？

"类固醇（类固醇激素）"本是人体内生成的激素，包括雄性激素、雌性激素和肾上腺皮质激素等。其中，肾上腺皮质激素中的糖皮质激素具有很强的抗炎能力。类固醇类药物就是基于此制造出来的。它分为外用药和内用药，具有抑制炎症和过敏反应的作用。

30

治疗

用类固醇类外用药"灭火"

皮肤发生炎症，就好比房子着火。房子着火需要灭火剂，而类固醇类外用药就相当于炎症的灭火剂。

想要涂抹之后立刻抑制炎症，关键在于类固醇类外用药的强度。根据强度，类固醇类外用药可分为最强、很强、强、中等、弱五个级别。着火时如果火势很旺，用水龙头的水是很难灭火的。同理，对于很严重的炎症，涂强度弱的药物也是没有效果的。因此，皮肤科专家会根据使用的皮肤部位和症状，选择最合适的类固醇类外用药，并严格规定使用时间和频率。即使症状有所改善，也不要中途停药。在这种情况下，可以降低药物的强度等级，也可以减少使用频率，但要保证在完全治愈之前，会一直持续使用。这样，就不会复发。也有根据自己的判断中途停药的人，而这有可能导致炎症复发或加重。就像在火灾中，火还在冒烟，灭火工作却开始懈怠。风一吹，火势又会重新袭来。因此在痊愈之前，应持续抹药。

炎症治愈后，要涂抹保湿剂，保护肌肤屏障，防止复发。

3月

31

治疗

类固醇类药物的副作用

　　有些人对类固醇类药物异常抗拒，这可能是因为混淆了内用（内服、静脉注射）和外敷类固醇类药物的副作用。

　　类固醇类外用药的副作用包括用药的皮肤局部出现萎缩（皮肤变薄）、多毛（汗毛长长，颜色变深）、毛细血管扩张等。但这些都不会影响到全身，而且这些症状都是因长期、大量使用药物造成的，只要停药，就可恢复。因此，用药时，医生会注意强度、用药时间和用药的量，制定用药计划。

　　另一方面，类固醇类内用药的副作用包括消化管溃疡引起的腹痛、腹泻、免疫力降低、脂肪异常沉积（圆脸、中心性肥胖）、肾上腺不良、病毒性肝炎等。但是，为了战胜敌人（胶原病、恶性肿瘤等），必须一边留意副作用，一边使用。医生必须认识到这是一把双刃剑，尤其是长期大量内用时，应谨慎判断用药标准。

064

4月

APRIL

春风和煦，让人心情舒畅。
但此时灰尘和花粉也漫天飞舞，
皮肤会特别敏感。
减少刺激，做好保湿工作。
同时也要开始准备塑形，
自信满满地迎接这个灿烂的时节吧！

春风和肌肤问题

生活环境
皮肤粗糙
保湿
刺激

　　春风袭来，花粉和沙尘就开始飞扬；气温上升，就容易出汗。在接下来的这个季节里，需要提防皮肤的污垢。皮肤上，汗液、皮脂、污垢混为一体，成为刺激物。因此，从外面进入室内时，或补妆时，应用纱手绢轻压面部，将多余的皮脂和污垢去除。此外，早晚的洁面要按照前面介绍的基本做法，先将洁面产品打泡，再清洗面部。春天的皮肤处于纤细、敏感的状态，所以绝对不能摩擦。不要忘记涂抹含有保湿成分的面霜，调整肌肤屏障，让皮肤不被污垢打败。

擦拭型湿巾需要特别注意

　　使用可以擦拭汗液和污垢的湿巾时，不可避免地会摩擦皮肤。如果一定要使用，建议只在紧急情况时使用，不要每天用。此外，擦拭型湿巾种类很多，有些含有焕肤剂，有些含有薄荷醇等。皮肤干燥的人选择时须特别注意。运动后出汗的时候，可以用清水冲洗，减轻皮肤的负担。

站在镜子前检查全身

2

身体

换上短袖、短裙，露腿机会增加的时节即将到来。今天，让我们站在镜子前检查一下全身吧。比起面部，身体护理更容易被疏忽，说不定在不知不觉中，身上已经长了粉刺或色斑。除此之外，也要确认身上是否有晒痕或发黑的部位。养成每天沐浴前后对着镜子检查皮肤和身体线条的习惯。这样能及时发现身体的变化，更早地采取护理或减肥措施。请尽早对在意的部位进行护理或治疗，让皮肤保持年轻、身体线条保持美丽。

什么是"尼龙毛巾皮炎"

3

刺激
色斑
治疗

请对着镜子检查锁骨、肋骨和肩胛骨部位，是不是发黑了？这些是容易发生"尼龙毛巾皮炎"的部位。因为常年使用尼龙毛巾这样粗硬的材料用力摩擦身体，或其他物理摩擦刺激，导致皮肤发生炎症、色素沉着。这种疾病就叫作"尼龙毛巾皮炎"，正式的名称为摩擦性黑皮症。没有自觉症状，长时间穿着不合身且过紧的内衣也会引发该皮炎。如果能够避免摩擦刺激或穿着过紧内衣等造成摩擦的原因，症状就会渐渐变轻。但是，如果黑色素已经在真皮层内沉着下来，就有可能难以治愈。

清洗身体需要用香皂吗

身体
清洗
刺激

　　"在浴缸中泡 10 分钟以上，身体不要用香皂清洗，只用热水冲洗干净即可"，这种沐浴方法因某位艺人的发言而形成了小小的潮流。确实，过度清洗、摩擦肌肤会破坏肌肤屏障，其结果可能导致肌肤干燥，甚至引发摩擦性黑皮症（参考 4 月 3 日的内容）。但是，是否可以完全不用香皂呢？那也未必。皮肤的状态存在性别差、年龄差和个人差，不能一概而论。皮脂分泌较多的头部、胸部、后背以及容易脏的足部等还是需要使用清洁产品的。皮脂分泌较少的部位，可以只用温水冲洗。

发型也可能引起粉刺

头发
粉刺
皮肤粗糙
刺激

　　剪头发换发型时，需要注意头发对皮肤的刺激。有些发型的发尖会碰到面部，护发产品会沾到脸上，从而导致粉刺或皮肤粗糙。特别是皮肤脆弱或容易长粉刺的人，一定要和理发师充分沟通后再决定发型。

6

身体
干燥
清洗
皮脂

小腿和前臂每周最多用香皂清洗3次

再确认一下身体的清洁方法！身体各部位的皮脂分泌量各不相同，要根据其分泌量调整清洗方法。

皮脂腺分布较多的部位是身体的中心部位（胸和后背的上半部分）和关节内侧（腋下、手肘和小腿的后方等）。这些部位容易堆积皮脂污垢，发生氧化，需要每天用香皂轻柔地清洗。前臂和小腿上皮脂腺分布较少。这些部位的皮脂污垢较少，容易干燥，如果每天用香皂清洗，会变得更干燥。这些部位一周只需用香皂泡沫清洗 2~3 次，其他时候用温水冲洗就足以保持干净了。

4月

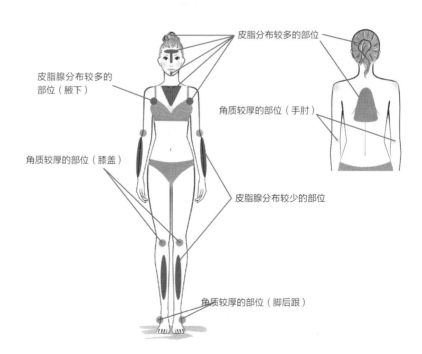

皮脂分布较多的部位

皮脂腺分布较多的部位（腋下）

角质较厚的部位（手肘）

角质较厚的部位（膝盖）

皮脂腺分布较少的部位

角质较厚的部位（脚后跟）

7

基础知识

一年接受一次皮肤癌检查

今天是世界卫生日,是纪念世界卫生组织(WHO)成立的日子。每当这一天到来时,希望你能想起皮肤癌检查。为了早期发现,请一年检查一次,在生日或其他日子去皮肤科全面检查一下你担心的所有问题。皮肤科医生进行的是看诊,不必有任何负担。藏在衣服底下的问题也要让医生看看。因为接触过一开始以为是黑痣或湿疹,检查结果却是癌症的案例。当然,如果身体上长出来的东西突然变大、变色,请立即咨询皮肤科医生。

什么是皮肤癌

皮肤表皮和皮肤附属器(毛囊、皮脂腺、汗腺)的细胞发生恶性病变之后的疾病统称"皮肤癌"。皮肤癌的种类非常多,其中发生频率最高的是基底细胞癌。其初期症状为类似黑痣的黑色小斑点。除此之外,还有棘细胞癌、恶性黑色素瘤、日光角化病、鲍温病、派杰氏病(分为乳腺派杰氏病和乳腺外派杰氏病)等。皮肤癌的病因尚不明确,和各种因素有关,由紫外线、放射线照射、严重烧伤、伤痕造成的情况也有。无论是哪种,早期发现,就有望彻底治愈。

小皱纹、大皱纹、表情纹的区别

皱纹大致分为小皱纹、大皱纹和表情纹。其形成原理不同，预防措施也不同。

皱纹
········
保湿
········
紫外线
········

● **小皱纹**：因为皮肤表面干燥或紫外线影响，肌肤失去柔软性，形成浅纹（表皮性皱纹）。这种皱纹可以通过充分保湿得到改善。但是，如果放任不管，就会伤害到真皮层，形成大皱纹。

● **大皱纹**：由松弛造成的皱纹。包括法令纹（鼻唇沟）、木偶纹（嘴角）、泪沟纹（从眼角延伸到脸颊中央）等，化妆品对这些皱纹不起作用。

● **表情纹**：由表情造成的皱纹，常出现于额头、眉间、眼角等经常动的部位。沿肌肉收缩方向形成。随着年龄的增长，会愈加明显。如果去皮肤科接受治疗，抑制表情肌过度收缩的肉毒杆菌注射会比较有效。

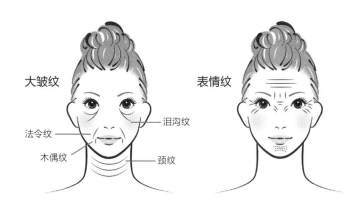

大皱纹　　　　　　　表情纹

泪沟纹
法令纹
木偶纹
颈纹

让细胞充满活力的蚕豆

9

饮食

　　多吃蚕豆吧！你知道蚕豆可以连壳吃吗？蚕豆的外壳中含有丰富的膳食纤维。拿到新鲜的蚕豆后，可以连壳放在锅里蒸，也可以放在烤箱中烤，完成后连壳一起食用。蚕豆只在 4 至 6 月上市。除了富含构成体细胞、激素的主要成分蛋白质之外，还含有促进新陈代谢的维生素 B_1 以及人体容易不足的多种矿物质元素（钾、镁、铁、锌、铜、锰）。

稍微添加点豆类

　　豆类富含保持皮肤、黏膜正常的维生素 B_2、促进新陈代谢的维生素 B_1 和调节肠道环境的膳食纤维。此外，豆类含有的各种色素和苦涩味来自多酚，具有抗氧化作用，可以达到预防"生锈"的效果。因此，在每天的饮食中，稍微添加一点豆类吧。黑豆、红豆、花豆、白芸豆、虎豆等都可以。将豆煮熟比较费时，为了方便，可以使用水煮的袋装产品或罐头产品。只要将其加入沙拉、汤、炖菜、炒菜中，就可以做成一道营养丰富的美容菜品。

如何预防胸部和后背的粉刺

10

穿泳衣的季节即将到来。从今天起，让我们开始对胸部和后背进行粉刺护理。

胸和后背的上半部分为皮脂分泌较多的脂溢部位。皮脂为造成粉刺的细菌提供了繁殖的温床，使粉刺容易滋生。

为了预防粉刺，保持皮肤干净和保湿十分重要。用清洁产品的泡沫清洗后，涂抹清爽型的润肤霜进行保湿。用海绵或毛巾等用力搓洗，或因为出油而忽视保湿，会起到反效果。这两种行为都会导致角质变厚，让皮肤处于更容易长粉刺的状态。另外，内衣摩擦或不透气也可能导致粉刺生长，建议穿着低刺激且水分容易蒸发的内衣。紫外线也会让粉刺恶化，穿着露胸或露背的服装时，一定不要忘了涂防晒霜。

身体
粉刺
清洗
保湿
刺激

4
月

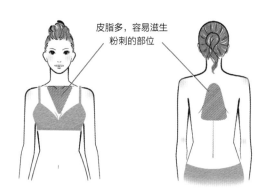

皮脂多，容易滋生粉刺的部位

屁股上的粉刺是内衣导致的

屁股上的粉刺是不是让你痛得坐下来都是一种煎熬？内衣摩擦是造成屁股上长粉刺的一大原因。摩擦后，保护皮肤的角质层就会变厚（角化过度），堵塞毛孔，最终生成粉刺。另外，衣物不透气也会让粉刺恶化，这也就是粉刺容易在气温高的春天和夏天恶化的原因。因此，选择内衣的时候要谨慎。应选择不扎皮肤、透气性好的内衣。另外，也要保持合理的体重，以减轻坐下时对屁股施加的负担。

身体
·········
粉刺
·········
刺激

身上的痘印能消除吗

你是否担心身上的粉刺治愈后，会留下痘印？这些炎症治愈后留下的红斑、色素沉着（发黑）大部分都会在半年内自然消失。但如果留下痘印，就很难自愈了，所以请咨询美容皮肤科的医生。

为了不留下痘印，抢先护理至关重要。长粉刺后，请尽快去皮肤科开药（抗生素或具有溶解角质效果的外敷药），并按时、不间断地涂抹。尽早消除长出来的粉刺，让其难以生长，从而提高不留痘印的可能。

身体
·········
粉刺
·········
治疗

手肘、膝盖变黑的三大原因

身体
发黑
清洗
保湿
刺激

4
月

你是不是觉得手肘和膝盖发黑是因为脏，只要用力搓洗，就能洗掉呢？看上去发黑，是因为老化角质堆积，或色素沉着。而引起它们的原因是"压迫、摩擦、干燥"。为了不让肌肤发黑，必须避免这三大因素。如果想要在家对发黑的手肘或膝盖进行护理，可以一个月 1~2 次，使用磨砂膏或焕肤剂去除老化角质，并涂抹含有保湿成分的霜。如果想要获得切实的效果，建议去美容皮肤科接受医疗焕肤治疗。

手肘和膝盖发黑的三大原因及其对策

● **压迫**：托腮时手肘会受到压迫，单膝跪地时膝盖会受到压迫。长此以往，手肘和膝盖就会发黑。这两个部位的皮下脂肪少是一大原因。只要改正这些习惯性动作，就可以预防。

● **摩擦**：摩擦手肘、膝盖，或强烈地刺激它们，容易造成色素沉着。因此用力搓洗等是禁忌。清洗身体时，要用手清洗，而非尼龙毛巾。

● **干燥**：皮肤持续干燥，会造成皮肤变厚，看上去暗淡无光泽。特别是手肘和膝盖，皮脂腺分布较少，容易干燥。因此要做好充分的保湿护理。

14 变胖后，身上长出了像裂痕一样的白线

身体
治疗
保湿

"变胖后，身上长出了像裂痕一样的白线，而且褪不掉。"这也许是萎缩纹的症状。身体急速变胖，超过了皮肤伸展的速度，真皮层中的胶原纤维就会断裂，形成萎缩纹。怀孕后出现在腹部的线条叫作妊娠纹。萎缩纹是真皮层的结构变化，很遗憾，市场上销售的去纹产品都很难将其消除。做好充分的保湿工作，维持肌肤的柔软性；控制体重，不让其发生急速的变化，这两点至关重要。在意的人，建议去配备二氧化碳激光器的美容皮肤科治疗。

15 腋下为什么会发黑

身体
发黑
刺激
治疗

腋下发黑的原因主要有两个。其一是毛孔发黑。在刮腋毛的刺激下，黑色素可能会增加，导致毛孔发黑。因此，一定要按照正确的刮毛方法（参考 6 月 25 日的内容）刮腋毛。也可利用激光脱毛，减少刮毛次数之后，黑色会渐渐变浅。另一个原因是皮肤相互摩擦的刺激导致黑色素增加，发生色素沉着。为了预防，需要穿遮盖至腋下的内衣或衣服，减少摩擦刺激，也需要维持适当的体重。如果想让黑色变浅，可接受激光治疗。

保护脚背，避免脚和脚指甲变形

16

脚
....
指甲
....
刺激

春天到了，穿着没穿惯的鞋子上班或外出，你是否感觉到脚疼呢？

造成拇趾外翻、指甲嵌肉，产生疼痛的一大原因便是鞋子。长时间穿不合脚的鞋，或前尖后高的高跟鞋时，脚会受到挤压，并渐渐变形。

"好看的鞋子"和"对脚好的鞋子"，就像鱼和熊掌一样，难以兼得。因此，穿着时间短的话，可以穿好看的鞋。但如果穿着时间长，就要选择对脚好的鞋子。尤其是要选择适合自己脚的厚度、能够充分保护脚背的鞋子。步行过程中，脚会整体向前滑，压迫脚尖的鞋子不适合走路。很多人会根据脚宽和脚长来选择鞋子，今后请将脚的厚度也考虑进去。高跟鞋最好选择系带子的，如果是脚尖宽松、脚趾可以活动的类型，就更令人放心了。

拇趾外翻的脚，拇指根部的关节会向外凸出。

上臂出现小疙瘩

身体
·········
粉刺

你是否非常在意上臂上出现的小疙瘩？那可能是毛发苔藓（毛周角化病）。和粉刺一样，毛发苔藓也是因为老化角质堆积在毛孔而形成的。它容易出现在皮脂分泌少的部位，不会像粉刺一样发红并鼓出来。外形呈粒状，颜色介于黑色和红色之间，触感粗糙，像鲨鱼皮一样，也被称作"鲨皮"。除了上臂外，它还常出现在肩膀、后背、臀部和大腿。也有人说，它之所以常出现在身体的侧面部位，是因为这些部位都是行走时容易受到刺激的部位。

紫外线和刺激会让毛发苔藓恶化

身体
·········
治疗
清洗
紫外线
刺激

很多人都在青春期的时候开始长毛发苔藓，30岁以后渐渐地自然消退。但是，如果皮肤受到刺激，就可能会导致其恶化。用剃刀或电动剃刀除毛时，需要特别注意。如果剃毛方法不正确，可能会连角质也一并剃掉，而为了保护皮肤，角质层就会变厚，堵塞毛孔，形成毛发苔藓。另外，用毛巾使劲搓洗以及紫外线的照射都会导致其恶化。因此，剃毛要按照正确的方法进行，皮肤要轻柔地清洗，还要做好保湿工作。当然，也可以去美容皮肤科接受治疗。

19

腿
治疗

大腿血管凸出来了

如果腿部粗大的血管凸出皮肤，呈坑坑洼洼的疙瘩状，就有可能是下肢静脉曲张（单纯性下肢浅静脉曲张）。静脉中存在使血液流回心脏的静脉瓣，如果静脉瓣出现功能障碍，就会导致血液逆流，静脉扩张，并像疙瘩一样膨胀出来。常见于怀孕和长期从事站立工作的女性。

如果放任不管，浮肿和酸胀感就得不到缓解，皮肤颜色也可能发生变化。万一血管中形成了血栓，那么它在静脉中移动时，有可能在任何一处堵塞血管，给生命带来危险。请尽早去血管外科、整形外科、皮肤科接受检查和治疗。

20

腿
浮肿
治疗

通过运动和弹力袜消除浮肿

你是否留意过腿部的浮肿？特别是到了傍晚，是不是觉得鞋子挤脚、脚部酸胀？浮肿是原本应该流回静脉和淋巴管的水分积聚所致的肿胀。腿部浮肿时，如果放任不管，就会提高患单纯性下肢浅静脉曲张或下肢静脉血栓的风险。一旦发现，就要多走路或进行拉伸，以促进血液循环。此外，还可以使用一种简单又有效的工具，那就是弹力袜①。它是采用可以压迫腿的特殊编法制成的，穿上之后，可以促进血液从下往上流。

注：① 这里指的是医用弹力袜，在日本，可以从药店或药妆店购买。

运动促进生长激素的分泌

21

运动
....
激素

　　习惯运动的人一般都具有美好的体型或肌肤，这也可以归功于生长激素。生长激素是儿童成长不可或缺的激素，成人之后，也具有促进蛋白质代谢（增加肌肉量）、脂肪代谢（减少人体脂肪、胆固醇）、骨代谢（增加骨量）、糖代谢（产生能量）和电解质代谢（调节钠和钾）的功能。遗憾的是，其分泌量会随着年龄的增长以及肥胖而渐渐减少。但睡眠、运动以及适度的压力会促进其分泌。所以养成运动的习惯，自己生产生长激素吧。其中，肌肉锻炼促进生长激素分泌的效率尤其高，所以女性也应该积极地运动。

生长激素分泌量
....

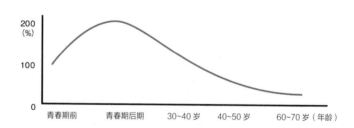

22

手
保湿

利用洗碗时间，进行手部护理

　　春天是结识新朋友的季节。为了在交换名片或握手时能充满自信地伸出手，从今天开始，养成手部护理的习惯吧。请参考保护手的方法（11月13日）以及护手霜的涂抹方法（11月10日），坚持进行手部护理。另外，每周还需做一次手部养护，可以一边洗碗一边进行。

　　方法很简单。首先，在干燥的手上涂抹一层薄薄的护手霜，套上一次性 PE 手套。再在外面套上洗碗用的橡胶手套，开始用温水洗碗。手被闷在里面，使得护手霜中含有的保湿成分充分渗透进皮肤。结束后，用纸巾轻轻擦拭，并让残留的护手霜被双手完全吸收。养成这个手部养护的习惯后，就可以让手战胜干燥，保持滋润、美丽。

4
月

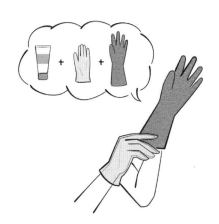

瘙痒和压力的关系

23

你是否有过"压力一大，身体就会发痒"的经历呢？

挠破行为被认为和身心的压力有着密不可分的关联。抓挠的行为一般产生在身体某个部位发痒之后。但是，焦虑、急躁等情绪也会引起抓挠的欲望，而且可能会导致挠破皮肤。"接到客户的投诉电话后，躲在厕所抓挠一会儿"等，就是典型的例子。

挠破行为兼具"让心情舒畅"和"放松"的作用。抓挠虽然能够排遣烦恼，但也可能导致长时间不停地抓挠，养成坏习惯（嗜好性挠破行动）。从而进入"抓挠→皮肤炎恶化→瘙痒感增强→进一步抓挠→皮肤炎恶化"的恶性循环，久久无法自拔。这种症状多见于特应性皮炎和慢性单纯性痒疹患者，如果解压方法有问题，将很难治愈。因此，需要咨询具有身心医学疗法经验的皮肤科医生，坚持恰当的治疗，就可以得到改善。将自己每天的行为、感情和挠破行为记录在日记中，以此来寻找恶化的产生机制，并采用其他适当的行为来解消压力，这样病情就会有所好转。

小心植物过敏

基础知识
过敏
刺激

多数植物含有对人体有益的成分，但有时候也会引起过敏，这个需要注意。比如，芦荟中含有的草酸钾就曾引发过过敏。除此之外，西洋樱草、漆树、银杏、西芹、肉桂、芒果等众多植物也会引发过敏，且症状比较严重。手工自制化妆品引发的过敏，除了植物过敏外，保存时滋生的细菌刺激也是一个原因。一旦过敏，请尽早去皮肤科接受治疗。

多吃豌豆角，补充维生素C

饮食

多吃豌豆角吧。豌豆角的最佳食用时间是 4 至 5 月。豌豆角含有丰富的维生素 C，能给肌肤带来弹力和张力，还有助于增强免疫力，预防感冒。除此之外，它还含有具有抗氧化作用的 β - 胡萝卜素、促进代谢的维生素 B_1，有关骨骼形成的锰以及清洁肠道的膳食纤维。烹调时需要先去掉筋。维生素 C 的水溶性较强，食用蒸的豌豆角能摄取更多的维生素 C。

26

身体
过敏
异味
刺激
治疗

用凡士林预防卫生巾过敏

随着气温的上升，被内衣包裹得很闷热，因生理期用卫生巾过敏而饱受煎熬的人也逐渐变多。容易过敏的人，建议生理期时，在生殖器周围涂抹凡士林。凡士林是以石油为原料制成的啫喱状物质，富含油分，可以在皮肤上形成一层油膜，保护肌肤免受经血的刺激。而且，用厕纸擦拭时，如果事先涂了凡士林，还能更快速地去除污垢。

另外，如果有毛发，它会吸附经血或尿等物质中的水分，造成闷热。所以对生殖器和肛门周围进行激光脱毛，不仅可以预防过敏，还有利于去除你在意的异味。

推荐的凡士林

凡士林的种类有很多，推荐使用可从药店购买的白凡士林（黄凡士林经精制后的产物）。

其中，较为普通的是日本药典中的"白凡士林"，多家公司均有出售。用于敏感部位时，建议大家选择纯度更高的凡士林。

用凡士林治疗婴儿的过敏

27

过敏
·········
治疗

婴儿的肌肤薄且敏感，为了防止过敏，也可使用凡士林。

有些尿不湿的质量很好，但即便如此，尿不湿里面也往往是闷热的。水附着在皮肤上，浸湿皮肤表面的角质，导致肌肤屏障受损，变得容易过敏。如果担心过敏，可以在更换尿不湿时，在屁股上涂上一层薄薄的凡士林，在皮肤和水之间增加了一张膜。同理，用餐前在嘴周围涂上一层凡士林，可以保护皮肤免受食物的刺激。

耳洞化脓，可能是耳洞肉芽肿

28

身体
·········
过敏
·········
刺激

耳洞部位如果发痒或化脓，有可能是发生了金属过敏。请去皮肤科接受检查，如果检查结果为过敏，那就改用钛或硅轴的耳环。也有可能是异物反应导致的发炎。这时，如果放任不管，为了排除异物，胶原纤维将异常增长，形成像肉瘤一样的耳洞肉芽肿。除此之外，还有可能是耳洞部位形成了袋状的粉瘤。无论是哪种情况，都需要进行注射治疗，使其变小，请尽快去皮肤科接受治疗。

导致荨麻疹的原因

29

基础知识
过敏
瘙痒
刺激

你是否在为荨麻疹而烦恼？荨麻疹表现为皮肤瘙痒，随即出现风团，呈鲜红色或苍白色、皮肤色，少数患者有水肿性红斑，一般 30 分钟到 1 小时左右消退。位于真皮层的肥大细胞受到某种刺激后，释放出组胺，作用于毛细血管或神经，最终引发荨麻疹。常见的原因有药物（抗生物质等）、物理刺激（温热、日光、压迫等）、食物（虾、青花鱼等）、出汗（运动、泡澡等）、疲劳、压力等。但是，多数患者找不到明确的原因。睡眠不足、疲劳和压力容易造成其恶化，而且外敷药基本无效，这也是荨麻疹的特征。

放任荨麻疹，会与痊愈渐行渐远

30

基础知识
过敏
治疗

荨麻疹中，症状持续 1 个月以上的叫作慢性荨麻疹，其他的叫作急性荨麻疹。无论哪种情况，如果找到了病因，就应优先去除病因（避免病因导致的刺激）。在此基础上，再服用抗组胺药或具有抗组胺作用的抗过敏药等。如果是慢性荨麻疹，从发作到开始治疗，时间拖得越长，越难控制，持续服用药物的时间也会延长。荨麻疹发作后，请马上去皮肤科就诊，千万不要放任不管。

5月

MAY

暖洋洋的日子里，
有些人因为体寒症状消失而笑容满面，
有些人因为春天开始的新生活而疲惫不堪。
心情不好，会影响身体和皮肤的健康。
这个月，
让我们全方位观察自己的精神和皮肤状况，
进行全面的护理吧！

压力会引发口角炎吗

精神

今天是五一国际劳动节。

4月份，有不少人经历了入职、调动、跳槽等环境变化。其中，部分人因无法适应新环境患上了所谓的"五月病"，并为此烦恼不已，主要症状有"没有干劲儿""脸色暗淡、表情无力"等。这个时期，如果得了口角炎[①]，就要注意了。人一旦感受到压力，就容易得胃炎，从而导致口角炎。所以如果口角炎伴随着"没有食欲""胃积食"等症状一起出现，请去内科接受检查。虽说是精神上的原因导致的，但如果放任不管，胃炎就可能发展为胃溃疡，也可能会错过最佳的治疗时间，所以请尽早处理。

皮肤是内脏的镜子

基础知识

精神

内脏出现问题时，有时候会反映到皮肤上。比如，急性发疹性脂溢性角化病其实是一种伴随内脏恶性肿瘤产生的皮肤病，蜘蛛状血管瘤和黄疸是肝功能不全的皮肤病，扩散方式独特的环状红斑是干燥综合征的皮肤病。

皮肤是内脏的镜子。皮肤短期内出现异常时，尤其需要注意。"这是什么啊？"——如果皮肤出现令人在意的异变，请尽早咨询皮肤科医生。

注：① 发生在口角的湿疹、皮炎。

3

基础知识
治疗

有关药品的法律法规

　　今天让我们来谈一谈日本的《药事法》，这部法律规定了有关药物的所有事项。为了保证药物的有效性和安全性，药剂法中详细规定了原料、标签显示以及广告中的表达等事项。按照副作用风险的高低顺序，将市场上出售的药物分为第1类、第2类、第3类。如果没有医师的处方，就无法购买第1类药物。

　　中国在药品方面的法律法规、行政规章则更为复杂。有关药品的法律法规主要有《中华人民共和国药品管理法》《中华人民共和国药品管理法实施条例》《中华人民共和国药典》《中华人民共和国中医药条例》等。有关药品的行政规章主要有《药品监督行政处罚程序规定》《药品进口管理办法》《药品不良反应报告和监测管理办法》《药品注册管理办法》等。

4

生活环境
过敏
刺激

5至8月，禾本科花粉迎面袭来

　　这个时期绿意盎然，非常美丽，但进入5月以后，你是否出现了眼睛发痒、流鼻涕等过敏症状呢？5至8月是禾本科植物花粉飞舞的季节。造成花粉症的植物有黑麦草、高羊茅、鸭茅、黄花茅等，都是在河岸开阔地、空地以及路边等地经常可以看到的植物。和杉树花粉不同，禾本科花粉不会飘散到远处，最好的预防方法就是不要靠近开花的草丛。

请一定要进行"护肤教育"

基础知识
清洗
保湿
紫外线

　　今天是日本的男孩节。人们会悬挂鲤鱼旗迎接男孩节，期盼孩子健康成长。今天就让我们来谈一谈孩子的护肤。希望大人对入学前的孩子进行"护肤教育"。首先，要耐心细致地教导他们洗手、洗脸、洗身体、洗头发的方法。等到他们能自己完成上述动作时，再教导他们必须在干燥的部位涂抹保湿霜，外出时必须涂抹防晒霜或用帽子阻挡紫外线。只要教会他们这些，他们就掌握了保护自己肌肤的基本方法。

6~7小时的深度睡眠最为理想

精神
睡眠
粉刺
生活环境

　　昨天晚上睡得好吗？皮肤状态和睡眠有关。特别是粉刺，睡眠不足是导致粉刺恶化的一大因素。保证睡眠质量也十分重要，请至少睡够 6 个小时。睡眠质量由睡眠深度决定，睡前请远离手机、电脑等刺激大脑的物品。光线会让大脑保持清醒，睡前 1 小时，就应把房间的灯光调暗，并在漆黑的环境下入睡。晚上还要避免咖啡因的摄入。容易失眠的人可以在睡前进行一个人的仪式。每天坚持做有利于入睡的事情，比如闻香薰、做睡前瑜伽等。

7

摄取ω-3脂肪酸，改善皮肤粗糙，预防头发稀疏

为了增发和预防过敏，从今天起积极地摄取ω-3脂肪酸吧。ω-3脂肪酸为一组多元不饱和脂肪酸，常见于深海鱼类和某些植物中，对人体健康十分有益。但机体不能自行制造，人们必须从食物或营养品中获取。另一种是ω-6脂肪酸。如果这两种脂肪酸的摄取比率失衡，发生过敏的风险就会增加。ω-3脂肪酸和ω-6脂肪酸的理想比例为1:4。

ω-6脂肪酸包括亚油酸、花生四烯酸等。因为它来自色拉油，所以容易摄取过多。ω-3脂肪酸包括α-亚麻酸、EPA和DHA等。主要来源于深海鱼、亚麻籽油等，如果不有意识地去摄取，容易造成摄取量不足。因此，多数人体内两者的比例很难达到理想比例。

请有意识地积极摄取ω-3脂肪酸吧。除了能改善忧郁和痴呆外，还能改善毛囊周边的环境，所以对想要增发的人而言，ω-3脂肪酸是非常好的营养素。特别是皮肤脆弱的人，建议每天都从饮食中适量摄取。

5月

富含ω-3脂肪酸的食物

- 紫苏籽油　● 亚麻籽油
- 奇亚籽　● 沙丁鱼、青花鱼、金枪鱼等青背鱼的鱼油

8

基础知识
激素

维持肌肤弹力的雌激素

如果身体状况因"五月病"变差，体内激素分泌就容易失衡，从而导致月经失调，自律神经紊乱，甚至出现头痛、焦虑、烦躁等症状，肌肤状态也会随之变差。你是否也出现了这些令人担心的症状呢？

今天，就来聊一下雌性激素。

塑造女性曼妙身姿的雌性激素（雌激素和孕激素）和美容也有着密不可分的关系。

雌激素是卵巢分泌出来的物质，具有促进真皮层中胶原纤维和弹力纤维合成的功能，有助于保持肌肤张力和弹力，预防皱纹和皮肤松弛。除此之外，雌激素还拥有维持头发生长、加强骨骼、防止胆固醇堆积的功能。但是女性怀孕后，随着雌激素的增加，黑色素细胞会变得活跃，导致色斑、雀斑增加。而随着年龄的增长，雌激素又会不断减少，导致肌肤衰老、骨质疏松症以及更年期障碍等。为了让激素分泌保持正常，应该让生活变得规律，并尽可能避免压力，避免身体受寒也很重要。

随着年龄增长，雌激素分泌量的变化

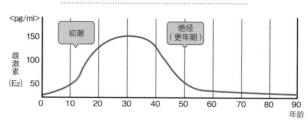

孕激素和生理期前的皮肤粗糙

基础知识
激素
粉刺

孕激素是另一种雌性激素，是排卵后卵泡转变的黄体分泌出来的物质。具有促进皮脂分泌的作用，同时也会让肠胃蠕动变得缓慢，造成便秘。黄体期，粉刺、皮肤粗糙等问题容易恶化也是受这种激素的影响。

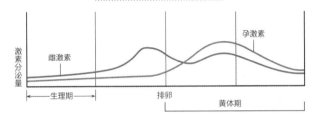

生理期和雌性激素的变化

孕激素

雌激素

激素分泌量

生理期　　　排卵　　黄体期

更年期和皮肤

精神
基础知识
激素

45岁左右开始突然出现的皮肤问题可能是更年期的缘故。进入更年期后，随着年龄的增长，卵巢功能下降，导致雌激素分泌量减少。因此，皮肤表皮的新陈代谢变得缓慢，伤痕难以愈合。此外，肌肤屏障也会减弱，干燥的皮肤容易发生瘙痒、过敏等皮肤问题。进入更年期后，必须比以往更注重保湿，保护肌肤屏障功能，不让其减弱。此外，通过积极地摄取大豆异黄酮（大豆等）和番茄红素（西红柿等），也可以让身体从内部持续抗衰老。

5
月

11

饮食

一天喝2L水

今天你喝了多少水呢？如果是"因为皮肤干燥，所以喝水"，那就大错特错了。喝水并不会直接滋润角质层，也不会特别促进体内的循环。人具有恒常性①，只要口渴后及时补充水分，就足够了。但是，像小孩、老年人这样难以感觉口渴的人，或因埋头工作而感觉不到口渴的人，则需要有意识地补充水分。发出高温警报的炎炎夏日，也需要积极地补充水分。

请确认一下排尿的量。如果身体处于健康状态，一天会排尿 5~6 次。如果排尿次数少于这个，摄取的水分就有可能不足，这时需要多摄取水分。如果摄取水分后，尿量依旧没有增加，那有可能是肾脏等器官出现了问题。这种情况，需要立即去看医生。相反，如果频繁地感到口渴，补充水分后，排尿次数也增多，就有可能是中枢性尿崩症。这是一种抗利尿激素分泌不足引发的疾病，表现为极端的口渴。如果不放心，可以去咨询医生。

饮水过量可能会引发"水毒"

在中医中，水毒是指多余水分滞留体内，造成水分代谢障碍的状态。患上水毒症后，肠胃状况变差，下半身容易浮肿，手脚冰凉，容易感觉疲劳、头重等。造成水毒的一大原因是饮水过量，要注意不能饮水过量。

注：① 为了应对各种各样的环境变化，让内部状态保持在一定水平，维持生存的功能。

伤口需要消毒吗

今天是为了纪念现代护理学科创始人南丁格尔而设定的"国际护士节"。让我们来谈一谈伤口处理吧。摔跤后，你是否会给伤口消毒，再贴上创可贴？使用消毒液、创可贴等来处理伤口会减弱对伤口愈合十分重要的细胞、细胞分裂素以及渗出液的功能，因而可能会延缓伤口愈合。为了快速、干净地治疗伤口，建议使用湿润疗法。用PU膜堵住伤口，让创伤部位流出来的体液充满伤口，利用体液中含有的细胞增殖因子促进真皮层和上皮细胞的再生，从而治愈伤口。

湿润疗法

请记住湿润疗法。但是伤口化脓无法去除伤口中的泥沙或伤口很深时，请去医院及时接受治疗。

湿润疗法的步骤

① 用自来水清洗伤口，仔细地去除泥沙等异物。

② 使用由保湿材料制成的薄膜（家用创伤贴）覆盖伤口，防止创伤部位干燥。

③ 刚受伤时，渗出液较多，1~2 天更换 1 次。当然也要看伤口的深度与大小。

肠胃不畅会影响皮肤状态吗

14

肠道环境
皮肤粗糙
干燥
保湿
生活环境

你是否在为便秘等肠胃不畅问题而烦恼呢？压力和不规律的生活会导致便秘、过敏性肠道综合征（肠道中没有炎症、息肉等疾患，但会出现伴有腹痛的腹泻或便秘的慢性疾病）。为此烦恼万分的人正在增加。其中，还有很多人同时感受到了皮肤不在状态，比如"便秘后，皮肤很粗糙"等。某调查结果显示，比起不便秘的人，便秘的人角质层水分含量普遍较少。

肠道不畅为什么会对皮肤造成影响呢？

我对 48 名健康的年轻女性进行了排便状况调查，按照一周的排便天数是否少于 4 天，将她们分为便秘人群和不便秘人群。通过比较，发现便秘人群的血液中含有大量硫酸吲哚酚等腐败产物。便秘导致肠内细菌群恶化，坏细菌制造出的腐败产物被人体吸收，对皮肤功能造成负面影响。因此，调节肠道环境也是打造靓丽肌肤的关键。

便秘和不便秘时的角质层水分含量

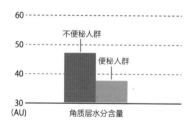

不便秘人群

便秘人群

60

50

40

30
(AU)

角质层水分含量

15

肠道环境
皮肤粗糙
饮食
保湿

用酸奶清扫肠道并改善皮肤

　　今天是为了纪念将酸奶带给大众的免疫学家梅奇尼可夫而设定的"酸奶日"。食用酸奶后，其中含有的乳酸菌会整顿肠道环境，以此守护皮肤的滋润力。更值得注意的是，酸奶可以让美容材料发挥更强的效果。最新的研究表明，连续 4 周食用加入了牛奶神经酰胺和胶原蛋白肽的酸奶后，角质层状态变好，肌肤屏障功能得到改善。根据医生的判断，干燥问题也得到了改善，皮肤发生了肉眼可见的变化。对肠道和皮肤没有信心的人，请养成食用酸奶的习惯吧。

16

饮食
营养
紫外线

从内部防止肌肤衰老，促进皮肤美白

　　紫外线变强的季节即将到来。在那之前，先进一步强化体内的抗衰老功能吧。为此，请积极地摄取能防止"肌肤生锈"的抗氧化成分。具有代表性的物质有维生素 A、维生素 C、维生素 E、半胱氨酸、番茄红素、虾青素和鞣花酸。日晒、抽烟、倍感压力时，会产生大量活性氧，因此更应该有意识地摄取。通过饮食摄取当然是最理想的，倘若饮食无法摄取，就食用营养补充剂吧。但是，有些成分不能摄取过多，应以商品上标注的摄取量为标准，一天分 2~3 次摄取。

可以促进肌肤代谢的维生素A

基础知识
营养
饮食

"因为觉得对身体或皮肤好，所以就吃了"，你是不是这样选择食物的呢？如果是，请立即放弃这种观念。从今天开始，试着有针对性地摄取为肌肤打造基础的蛋白质以及抗衰老所需的抗氧化成分吧。为此，我们先来学习一下相关知识。首先是关于维生素A。

众所周知，维生素A与眼部健康息息相关，它可以保护视力，改善眼睛干燥等症状。其实维生素A和肌肤也有着很密切的关系。它有助于维持皮肤、黏膜等新陈代谢的正常进行，还具有很好的抗氧化作用。可以抑制活性氧的产生，即便产生了活性氧，也能将之消除，所以可以防止身体的氧化。维生素A是下列6种物质及其诱导体的总称。除此之外，还有一种叫作维生素A原的物质，它是维生素A的前身，比较为人熟知的是黄绿色蔬菜中含有的β-胡萝卜素。摄取之后，会在体内转变为维生素A。

维生素A	
A1	A2
● 视黄醇	● 3- 脱氢视黄醇
● 视黄醛	● 3- 脱氢视黄醛
● 视黄酸	● 3- 脱氢视黄酸

18

基础知识
营养
饮食

如何高效地摄取维生素A

让我们积极地摄取维生素 A 吧。维生素 A 是一种脂溶性维生素，多存于肝油、蛋黄、黄油等动物性食物中。它易溶于油脂，容易被光、氧气、热、酸破坏。相比之下，β - 胡萝卜素就比较耐热，且抗酸性能较强。β - 胡萝卜素是一种维生素 A 原，肝、鳗鱼、黄绿色蔬菜中的含量较高。因为耐热，且和脂质一起摄取时能提高其吸收率，所以最好和油一起烹调。它在体内会转变成维生素 A。

富含维生素 A 的代表性食物

● 肝油　　● 蛋黄　　● 黄油　　● 动物肝脏　　● 鳗鱼

● 香鱼　　● 萤鱿　　● 银鳕鱼　　● 鹅肝　　● 星鳗

● 鱼子（三文鱼）　　● 黄绿色蔬菜

富含 β - 胡萝卜素的代表性食物

● 海藻类　　● 欧芹　　● 辣椒　　● 紫苏　　● 王菜

● 海白菜　　● 裙带菜　　● 胡萝卜　　● 艾草

● 菠菜　　● 茼蒿　　● 明日叶　　● 荠菜　　● 杏

● 豆苗　　● 韭菜　　● 萝卜叶　　● 鸭儿芹　　● 南瓜

什么是"容易减值的脸"

19

松弛
精神
运动
生活环境

年轻时越是眼睛大、皮肤好，被周围的人称为"美女"的人，上了年纪之后就越容易被说："咦？曾经那么美的人……"有个作家将这种美人脸称为"减值脸"。随着年龄的增长，面容逐渐老去，这是所有人都无法避免的事情。但只有美女会让人大失所望，仿佛不能被原谅一般。这也许就是光鲜亮丽的美女无奈的宿命吧。其实，眼睛大的人，眼球本身会比较重，所以眼睛容易松弛下垂，显得老气。

那么，什么是"不容易减值的脸"呢？就是"和年轻时几乎一样"的脸。眼睛小、脸蛋小、长得朴素的人，通过努力的保养，过了40岁可能会被赞美说："咦？她曾经这么漂亮吗？"这样的脸就可以被称为"不容易减值的脸"。

也就是说，每个人都有机会颠覆年轻时的印象。这种可能性往往出现在曾经不是"美女"的人身上。40岁以后，每个人的生活方式、饮食、生活习惯和运动习惯都会体现在脸上。只要不断努力，总有一天美丽会跃然"脸"上。接受真实的自己，并不断努力，也许才是最重要的。

20

基础知识
营养
饮食

优质蛋白质，让肌肤饱餐一顿

为了守护肌肤弹力，需要平衡地摄取各种营养元素，尤其是蛋白质、矿物质（锌、铁）和维生素（维生素 A、维生素 C、维生素 E）。其中，最容易摄取不足的是蛋白质。皮肤中的胶原纤维、构成身体的细胞以及调节身体的酵素等，都是由蛋白质构成的。体重 50kg 的女性，一天所需的蛋白质量约为 60g（猪腿肉 300g）。如果摄取量不足，它会优先提供给重要器官，使得肌肤原料不足。进而导致被称为"肌肤骨骼"的胶原纤维无法再生，肌肤逐渐失去弹力，变得干燥、出现皱纹。

5月

21

基础知识
营养
饮食

维生素C是皮肤白皙的关键

维生素 C 具有很强的抗氧化力，甚至被称为"抗氧化维生素"。它可以抑制活性氧的活动，保护肌肤和组织，防止衰老。同时，维生素 C 也是合成胶原纤维所需的辅酶，有助于保持肌肤的弹力和张力。而且，它还能抑制合成黑色素所需的酪氨酸酶的活动，达到防止色斑生成、让皮肤白皙通透的效果。除此之外，维生素 C 还能还原深色氧化型色素，所以也是一种使用广泛的美白剂。它还能激活淋巴细胞，提高免疫力，减弱病毒的活动，进而有效地预防、治疗感冒。

22

基础知识
....
营养
....
饮食

如何高效地摄取维生素C

积极地摄取维生素 C 吧！

维生素C多含于蔬菜和水果。但因为它不耐热，且易溶于水，所以要避免蔬菜水果长时间浸泡在水中。为了高效地摄取维生素 C，最好生吃。如果需要加热，最好选择可以将汤汁一并食用的烹调方法。因为水溶性高，所以无须担心会摄取过量（储存在肝脏中，会引起中毒）。压力大的时候，维生素 C会被大量消耗，需要充分补充。

富含维生素 C 的代表性食物

- 柑橘类（柚子、酸橘、柠檬、金橘等）
- 针叶樱桃 ● 欧芹 ● 煎茶 ● 番石榴 ● 紫菜
- 甜椒 ● 抱子甘蓝 ● 油菜 ● 生姜
- 辣椒 ● 西蓝花 ● 芜菁 ● 羽衣甘蓝
- 花椰菜 ● 芥菜 ● 苦瓜 ● 豆苗
- 萝卜叶 ● 莲藕

富含维生素 E 的代表性食物

- 坚果类（杏仁、落花生、榛子等）
- 植物油 ● 鳗鱼 ● 鳕鱼子 ● 三文鱼子 ● 虹鳟
- 香鱼 ● 鲕鱼 ● 王菜 ● 萝卜叶 ● 南瓜
- 油菜花 ● 鸡蛋

23

基础知识
营养
饮食

维生素E是"不老女神"之友

维生素 E 被称为"减龄维生素""返老还童维生素"。它具有强烈的抗氧化功能，可以保护身体免受体内生成的活性氧的伤害，防止衰老。同时，也有抑制色斑、暗沉、雀斑的功效。维生素 E 还能减少坏胆固醇，增加好胆固醇，预防动脉硬化等生活习惯病。不仅如此，和维生素 C 一同摄取的话，两者相辅相成，能发挥更强的抗氧化功能。通过促进血液循环，调节肌肤代谢，让含有大量黑色素的老化角质自然脱落，呈现几乎无斑的完美皮肤。

5月

24

基础知识
营养
饮食

如何高效地摄取维生素E

维生素 E 是脂溶性维生素，不会因为水洗而流失。含维生素 E 的食物与油一起烹调，能提高它的吸收率。

脂溶性维生素一般都存在摄取过量的问题（储存在肝脏中，会引起中毒）。但维生素 E 在体内的吸收量有限，不用担心会摄取过多。研究表明，过度摄取营养补充剂可能会增加患骨质疏松症的概率，请遵循说明书控制用量。

25

基础知识
营养
饮食

半胱氨酸，发挥抗衰老和美白效果

半胱氨酸是构成蛋白质的氨基酸的一种，参与皮肤代谢和肝脏解毒。同维生素 C 一起摄取时，可以抑制黑色素的生成，让黑色素变为无色，抑制皮肤内的色素沉着。它也能促进肌肤新陈代谢，助其重生为新细胞。还可以促进排出已有色斑、暗沉、痘印等色素沉着，达到美白效果。除此以外，半胱氨酸还具有抗氧化以及生成体内胶原纤维的作用，有助于提高肌肤弹性，防止衰老。它还有抗过敏的作用，经常用于治疗湿疹、荨麻疹、药疹等疾病。因为能辅助酵素发挥分解体内酒精的功能，所以还能帮助解除宿醉。

富含半胱氨酸的代表性食物

- 红辣椒 - 大蒜 - 洋葱 - 西蓝花
- 抱子甘蓝 - 燕麦 - 小麦胚芽

26 番茄红素能促进脂肪燃烧、有效抗氧化

你喜欢吃西红柿、西瓜、葡萄柚、杏、番石榴吗？这些水果中富含番茄红素。番茄红素是一种类胡萝卜素，也是一种脂溶性红色素。它具有强烈的抗氧化能力，能够去除造成色斑、皱纹、皮肤粗糙、肤色暗沉等肌肤问题的活性氧，让皮肤保持健康，呈现透明感。

除此之外，番茄红素还可以预防并改善生活习惯病、促进脂肪燃烧、改善血液流通和预防血栓等。番茄红素是美肤之友，请多多摄取吧。

5月

27 虾青素，预防肌肤、眼睛、大脑的衰老

你知道虾青素吗？它是一种天然红色素，也是类胡萝卜素的一种，多存于三文鱼、虾、蟹、三文鱼子等中。具有出色的抗氧化能力，还能抑制黑色素的合成。此外，在众多抗氧化物质成分中，虾青素还能作用于大脑和眼睛，这是它的一大特点。因此，它具有预防由紫外线损害造成的眼睛问题、预防大脑衰老以及脑部疾病的功效。另外，虾青素还能抑制坏胆固醇的氧化，增加好胆固醇，防止血液中脂质出现异常，抑制血管老化。

鞣花酸，有效抗氧化、抗癌

如果想要通过饮食来美白肌肤，建议多吃石榴、莓类水果（草莓、覆盆子、蔓越莓、葡萄等）以及核桃等含有大量鞣花酸的食物。鞣花酸是一种多酚，也是一种天然黄色素。

鞣花酸抗氧化能力强，可以抑制酪氨酸酶（与黑色素合成有关的氧化还原酶）的活动，让黑色素难以形成。此外，鞣花酸表现出对化学物质诱导癌变及其他多种癌变有明显的抑制作用，特别是对结肠癌、食管癌、肝癌、肺癌、舌及皮肤肿瘤等有很好的抑制作用。

多吃芦笋，让身心摆脱疲劳

对 4 月份开始新生活的人而言，现在正是疲态百出的时期。此时，应多食用芦笋。芦笋的最佳食用时间为 5 至 6 月。其中含有的天门冬氨酸和维生素 B_1 能促进新陈代谢，有助于消除疲劳、增强体力。此外，芦笋中还含有维生素 B_2、β - 胡萝卜素及叶酸。维生素 B_2 有助于保持肌肤和黏膜正常，是塑造健康肌肤不可或缺的元素。β - 胡萝卜素具有抗氧化作用，可以预防肌肤衰老。而叶酸则是促进肌肤新陈代谢必不可少的物质。在平底锅中倒入少许水和盐，快速焯一下就盛出来，或不加任何调料地煎烤之后，蘸点胡椒或蛋黄酱食用，更能凸显其甘甜。

30

基础知识
营养
饮食

摄取胶原蛋白能增强肌肤弹性

　　食用含有胶原蛋白的食物后，其中的胶原蛋白会直接转化为肌肤的胶原蛋白吗？答案是"不会"。通过嘴摄取的胶原蛋白会在消化管内被分解成胶原蛋白肽，被小肠吸收，随后被血液运往身体的各个部位。但是，最近有报告显示，胶原蛋白肽在血液中的浓度增加，可能会刺激纤维芽细胞，促进其生成胶原纤维。最为理想的胶原蛋白摄取量是一天5~10g（鸡翅 4~5 个的量）。另外，胶原蛋白和维生素 C 一同摄取，会促使正常的胶原纤维更容易生成。虽然胶原蛋白是美容必不可少的物质，但如果食用时糖类摄取过多，或过度加热，胶原蛋白就会发生糖化、变质，因此要多加小心。为了打造靓丽肌肤，建议每天摄取胶原蛋白。

5月

富含胶原蛋白的代表性食物

● 猪蹄　　● 鸡皮　　● 鸡翅　　● 软骨　　● 牛筋　　● 牛尾

● 猪五花　● 甲鱼　　● 鱼翅　　● 鱼皮　　● 鳗鱼

● 海参　　● 比目鱼　● 虾　　　● 海蜇

● 明胶（果冻）

什么是"吸烟脸"

31

吸烟
色斑
皱纹
松弛

今天是"世界无烟日"。我们来谈一谈吸烟和皮肤的关系。

和不吸烟者相比，吸烟者的肌肤衰老得更快，看上去会比实际年龄老。香烟中所含的尼古丁会激发活性氧的生成，破坏肌肤的骨骼——真皮层中的胶原纤维，让其变得又细又短。尼古丁还会阻止血液流通，使营养元素无法被送达肌肤的各个角落，减缓新陈代谢的速度。雾化的焦油附着在脸庞附近，形成发黑的角栓，焦油（烟油子）还会附着到牙齿上，如此反复，就形成了吸烟者独有的脸，这就是"吸烟脸"。同时，吸烟者还伴有口臭、白发、脱发等明显症状。且随着雌性激素的下降，还会出现胡须变浓等男性化的症状。

吸烟能减肥，这是一个谬论。吸烟者会有胰岛素抵抗，容易维持高血糖状态，在所谓糖化压力的影响下，皮肤会变得暗黄。还容易并发代谢综合征。吸烟不仅有损美容，还会增加罹患肺、食道、咽喉、胃等部位的恶性肿瘤、动脉硬化、心肌梗死、脑梗死等疾病的风险，也可能会缩短寿命。一项国外的调查发现，吸烟者患上抑郁症的概率要比不吸烟者高，是不吸烟者的2.9倍。为了身心健康，必须戒烟。

6月

JUNE

梅雨季节，感觉皮肤很滋润，但这只是暂时性的。

保湿护理一定不能间断。

随着湿度变大，发型问题可能会困扰到你。

因此，这个月要来探讨一下毛发。

头发稀疏、白发增多、头发干燥、多余毛发，烦恼多多。

在理解毛发结构的基础上，积极采取对策吧！

开封的化妆品要避免长期保存

基础知识
化妆品
刺激

如果你要将化妆品换成夏季用的，请尽量用完现在正在使用的产品。比如，直接用手蘸取的霜、使用粉扑或刷子的底妆用品、直接涂抹在嘴唇上的口红等，都容易混入细菌和粉尘。如果放置半年，就会繁殖细菌，损害其质量。开封使用的化妆品要避免长期保存，争取在一个季度内用完。

掉发严重……

头发
头发稀疏、脱发

请先检查一下自己的头发。进入梅雨季节后，随着湿气变重，头发的发量会看上去比较少，令人感觉稀疏。

"掉发严重，再这样下去，就要秃了"，你是否有这样的担心呢？正常情况下，健康的人一天会掉50~100根头发。两天洗一次头时，看到缠绕在手上的大把头发，你可能会感到震惊。但要知道那是两天的掉发量（100~200根），没有必要担心。然而，如果你的烦恼是"已经感受不到发量了""头发分界线或发旋儿处的头皮露出过多"，那就有可能患上了女性特有的脱发症（参考6月3日的内容）。

什么是女性特有的脱发症

3

根据脱发原因，"女性特有的脱发症"大致可分为三种[①]。

头发
头发稀疏、脱发
激素

年龄增长引起的脱发症

头发变得又细又短，整个头部的头发变得稀疏，可以清晰地看到头皮。多开始于更年期前后，绝经后变得更为明显。

女性的男性型脱发症（FAGA）

这种脱发症的特征是头顶到前额之间的头发容易变得稀疏。是发生在女性身上的男性型脱发症（AGA）。受雄性激素的影响，头发的生长期缩短，导致头发变细变短。对雄性激素感受性较强的体质的人容易出现这种脱发症，而且进入更年期后，可能还会恶化。多始于 30~35 岁。

休止期脱发

正常情况下，处于休止期（头发停止生长的状态）的头发占所有头发的 10%，而当这个比例增至 20% 时，头部整体的头发密度就会开始下降。休止期脱发分为慢性和急性两种。急性休止期脱发多是由精神压力、高烧、生产、激素变化等因素引起的。粗头发容易脱落，头发在几个月内急速变得稀疏。慢性休止期脱发一般要经过半年以上的漫长时间，才会逐渐显现整体头发密度下降的症状。有些人患上慢性休止期脱发的原因很明确，比如全身性慢性疾病、缺铁性贫血或极端的减肥等。而有些人则原因不明。无论是急性还是慢性，只要将问题的源头根除，脱发就可以得到改善。

6
月

注：① 不包括斑秃以及由放射线或抗癌药引起的医源性脱发。

4

头发

头发稀疏、脱发

激素

产后减少的发量还会回来吗

产后的脱发叫作"产后脱发症"，是大部分有过生产经验的女性都切实感受、经历过的症状。多数女性在产后 2~3 个月时开始脱发，产后 6 个月时达到顶峰。而且多数情况都不是局部脱发，而是整体发量减少。另外，有些人虽然没到脱发的程度，但头发也会变细，并且失去韧性和弹力。

怀孕时，受雌激素的影响，头发的生长周期会延长。产后，随着激素分泌量的急剧减少，数不尽的头发同时进入休止期，开始脱落。这就是产后脱发的产生原理。另外，它也和产后育儿引起的过度疲劳和睡眠不足有关。产后脱发是一时性的症状，没有必要进行治疗。虽然存在个人差，但基本上在产后 6 个月到达顶峰后，就会开始逐渐恢复。产后 10~18 个月内，就会自然治愈。过于担心、在意反而有可能造成精神压力，让我们耐心地等待它自然恢复吧。如果产后过了两年，脱发仍不见减少，或仍在不断增加，那就去咨询皮肤科医生吧！

5

基础知识
饮食
头发
头发稀疏、脱发

预防头发稀疏，从调整饮食开始

担心头发会变稀疏的人，请先调整饮食。头发的约 90% 都是由角蛋白（蛋白质）构成的。而构成角蛋白的蛋氨酸又是·种人体必需的氨基酸，它无法在体内合成，所以如果不通过饮食摄取蛋白质，就会造成制造氨基酸的原料不足，使头发变得稀疏。因此，均衡地搭配食用鸡肉、豆腐、豆类、鱼等食材吧。另外，最近的研究表明，毛发再生不能缺少17 型胶原蛋白。合成胶原蛋白需要维生素 C 和铁，请积极地食用小油菜、肝等维生素 C、铁含量高的食物。可以提高毛囊周围循环的 ω-3 脂肪酸也是一种有利于增发的营养元素。

6

饮食

用大蒜消除疲劳，防止"肌肤生锈"

趁着梅雨天宅在家里，来丰富菜品的种类吧！大蒜有助于消除疲劳和防止肌肤生锈，而且现在正是食用的好时候，何不来挑战一下使用大蒜的新菜品呢？大蒜的最佳食用时间是 5 至 7 月。给大蒜带来独特、强烈气味的是烯丙基硫醚，它具有强烈的杀菌作用和抗氧化作用，可以去除导致肌肤生锈的活性氧。此外，它还能帮助维生素 B_1 被吸收，使大蒜中含有的维生素 B_1 可以持续、有效地发挥作用。因此，大蒜可以发挥很强大的促进代谢、消除疲劳的效果。但如果加热时间过长，烯丙基硫醚的功效就会减弱，烹调时，一定要记住不能烹调太久。

从下巴向发际推揉，预防头发稀疏

头皮血液流通不畅是导致脱发、头发稀疏的一个原因。沿着从发际到下巴的线条，进行按摩。方法同按穴位一样，使用按压方便的手指，慢慢用力向着骨头按下去，再慢慢放松力气。需要在多处进行上述按压。舒缓颈部僵硬的同时，让血液顺利地流向头皮。这种按摩随时随地都可以进行，所以感觉累了的时候，就轻轻按摩吧，可以改善血液循环。

让血液顺利流通到头皮的按摩方法

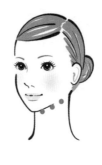
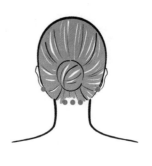
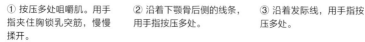

① 按压多处咀嚼肌。用手指夹住胸锁乳突筋，慢慢揉开。

② 沿着下颚骨后侧的线条，用手指按压多处。

③ 沿着发际线，用手指按压多处。

8

头发
头发稀疏、脱发
清洗
保湿

洗头发的同时进行头皮护理

洗头时，进行头皮护理吧。和面部一样，头皮保湿也十分重要。使用可以护理头皮的洗发水或护发素进行头皮护理，为头皮保湿的同时，按揉变得僵硬的头皮，为新生头发的健康奠定基础。

头皮护理的方法

① 洗头前，先梳理所有头发，将打结的头发梳通，同时轻轻地刺激头皮。梳子垂直接触头皮，可能会对头皮造成伤害，请稍微放平梳子，一边转动一边梳理。

② 用温水轻柔地清洗头发和头皮。之后，再将洗发水倒在手心，轻轻地打出泡沫后，分几处涂抹在头皮上。手指甲不要碰触到头皮，要用指腹边按摩边清洗。最后，用泡沫轻轻清洗后，冲洗干净。

③ 取适量可以护理头皮的护发素，置于手心，让其与所有头发和头皮充分混合。轻轻按摩头皮后，冲洗干净。

④ 将毛巾盖在头上，一边按压头皮，一边去除水分。此时，要用手指轻轻地揉搓着按摩头皮。残余的水分用吹风机吹干。

洗完头发后一定要用吹风机吹干

头发
头发护理
清洗
刺激

　　洗完头后，你是否就放任它湿着呢？头发自然风干期间，头皮一直处于潮湿状态，这会导致屏障功能下降，容易引发炎症或湿疹。而如果头发没干就睡觉，头皮就会一直闷在里面，头皮环境会变得更差。打开的表皮和枕头发生摩擦，会导致头发分叉或容易断裂。

　　洗发后一定要用吹风机从头发内侧开始吹干。注意千万不要让头皮处于潮湿状态。为了防止头发受到伤害，还需要涂抹头发护理液。同时也不要忘了设定合适的吹风机温度，并且让吹风机和头发保持合适的距离。

选用甜菜碱类、氨基酸类的洗发水

头发
头发护理
清洗
刺激

　　如果你现在正在使用的洗发水没有引发问题，那就没问题。但是，如果你明明遵守了正确的洗头方法，头皮却还是发痒或出现头皮屑，或是感觉刺痛，那么更换洗发水不失为一个好方法。改用对头皮和头发温和的洗发水吧。推荐使用表面活性剂为甜菜碱类[①]、氨基酸类[②]或香皂类[③]的产品。但是，香皂类洗发水容易造成头发干燥，先用试用装测试过后再使用。

注：① 椰油酰胺丙基甜菜碱、烷基甜菜碱等。
　　② 以"COCOYL"（椰油基）、"COCOAMPHO"（椰油酰）开头的物质。甘氨酸、谷氨酰胺等。
　　③ 钾皂等。

紫外线

用晴雨两用伞防紫外线和下雨

梅雨间歇，天空放晴的时候，你是否觉得紫外线很强呢？这个时候的紫外线强度和夏日天晴时的紫外线强度不分伯仲。随身携带折叠式的晴雨两用伞，以防突然来临的晴空。晴雨两用伞是在雨伞的基础上进行了 UV 加工，下雨时可作为雨伞使用，放晴时可作为遮阳伞使用。另外，晴雨两用伞实质上是可以挡小雨的遮阳伞，一般防水效果都不及雨伞，无法抵挡强降雨，这一点需注意。

头发
头发护理
清洗
刺激

不必拘泥于无硅油洗发水

很多人担心洗发水中含有的硅油会堵塞毛孔，给头皮造成不良影响。但只要把洗发水冲洗干净，就基本不会因硅油而导致头皮发炎。硅油具有包裹头发的功能，在保护表皮层的同时，也会阻碍烫发液或染发液的渗透，可谓有利有弊。优先考虑清楚自己想要什么样的头发，在此基础上再选择使用无硅油洗发水或含硅油洗发水。

13

如何治疗头发稀疏

对于原因明确的头发稀疏，比如全身性慢性疾病、缺铁性贫血、极度的减肥、内分泌疾病、结缔组织病、药物影响等，如果通过治疗，这些原因都消失了，那么头发稀疏的症状就会有所缓解。

如果要使用市面上出售的外敷药，我推荐女性专用的外敷药"Riup Regenne®"。这种外敷药中含有1%的米诺地尔，可以通过改善血液流通，起到增发效果。

针对受雄性激素影响的"女性的男性型脱发症（FAGA）"，皮肤科使用的是名为"Pantostin®"的外敷药。其有效成分为阿法雌二醇，可以阻拦造成FAGA的双氢睾酮（发根内生成的雄性激素，活性很强）。

如果想要获得更切实的效果，建议咨询皮肤科医生。有种疗法是用"微针滚轮"或"立体电波"在头皮上开一个细小的洞，再导入可以促进毛发再生的药剂（成长因子、米诺地尔）；也可以采用一种叫作"育毛水光注射"的头皮疗法，将可以促进毛发再生的药剂注入头皮。

14

头发
白发

为什么会长白发

你知道头发原本就是白色的吗？头发是由毛母细胞制造出来的，原本呈白色。黑色素细胞（色素细胞）制造的黑色素进入毛发，从而决定了头发的颜色。压力或疾病等因素会减弱黑色素细胞的功效，甚至让其失效，这就是白发的起因。如果压力或疾病得到改善，头发就可能恢复颜色。另一方面，随着年龄的增长，形成黑色素细胞的色素干细胞会逐渐枯竭。如果白发是由这个原因造成的，就无法恢复。

15

头发
过敏
刺激

染发前先涂抹凡士林

染发有时候会引起过敏，基本都是染发剂原料采用的染料（主要是对苯二胺）引起的。一旦产生过敏反应，今后就会对同一种染料产生相同的反应。担心过敏的话可以在使用前先做一个贴布试验（参考 2 月 27 日的内容）。自己染发时，先在面部轮廓线到耳朵、发际的区域内涂上凡士林。染发时，尽量不要让染发剂沾到头皮。除此之外，为了预防过敏，在选择染发剂时请务必选择不含化学染料、100% 纯植物成分的产品。

16

头发
头发稀疏、脱发

男性为什么容易头发稀疏

　　"男性型脱发症（AGA）"一般是指遗传性的头发稀疏或脱发。在日本，据说大约三分之一的成年男性都有 AGA。这种症状于 25 岁之后就会开始出现，表现为额头发际处或头顶的头发开始变得稀疏，或两处的头发都开始变得稀疏。头皮一般以 3 至 7 年为周期，反复进行生长期、退化期、休止期的循环。但是患 AGA 时，头发的生长期会缩短至几个月到一年，致使头发变得又细又短。造成 AGA 的原因主要是遗传，另外也跟雄性激素①有关。

17

头发
头发稀疏、脱发
生活环境
治疗

如何延缓AGA的发展

　　治疗男性型脱发症（AGA）的代表性药物有含米诺地尔的外敷药、非那雄胺和度他雄胺的内服药。米诺地尔可以刺激毛乳头细胞，使其释放促进毛母细胞增殖的成长因子，从而促进头发生长。非那雄胺能抑制 5α- 还原酶，而 5α- 还原酶是抑制毛发增殖的主要原因，从而防止毛囊缩小。除了这些药物外，远离香烟，消除压力，改善生活规律也非常重要。皮脂污垢氧化后生成的过氧化脂质会让头皮状态恶化，所以应每天细致地清洗头发和头皮。

注：① 雄性激素在 Ⅱ 型 5α- 还原酶的作用下转换成 DHT（双氢睾酮），接着 DHT 攻击毛囊，使头发从生长期进入退化期。

18

头发
头发稀疏、脱发

头发出现局部脱落后形成圆形

头发脱落后，如果形成了一个像硬币一样的圆形，那就有可能是斑秃。

脱发斑（脱发部位）不局限于一处，可能会多发。理应保护身体免受细菌等外敌侵扰的淋巴球，错误地攻击毛囊，从而导致斑秃。患上斑秃后，如果脱发斑较少，就几乎可以自然痊愈。但如果呈蔓延趋势，或引发炎症，头皮变红，那就需要治疗了。请遵医嘱接受专科医生的治疗。

6
月

19

头发
脱发
压力

斑秃的自愈

普遍认为斑秃是压力造成的，但从科学的角度来讲，斑秃和压力的关系还没有得到证实。只不过脱发和全身的状态有关，必须时刻注意不要过度疲劳，要保证充足的睡眠，饮食要均衡，还要控制酒精和尼古丁的摄入。此外，患上斑秃后，因为担心失去更多的头发，往往就会疏于洗头。让头皮保持一个好状态，在治疗过程中十分重要。因此，应每天或隔天用洗发水洗一次头皮和头发。但是，不需要进行过度的头皮按摩。

20

毛发
除毛
保湿
刺激

如何护理手上或手指上的汗毛

　　你是否很在意手指上的汗毛？手是很容易被看到的部位，如果汗毛多，看上去黑乎乎的，就会想方设法地除掉它。最简单的方法就是剃毛。使用面部用的小剃刀，按照身体除毛的方法（参考6月25日的内容）将其剃去。处理后，不要忘了涂保湿霜，保护皮肤。

　　如果担心反复处理会带来皮肤问题，可以选择激光脱毛。色斑或暗沉也会有所改善，让手更能衬托出珠宝首饰的美。

21

毛发
除毛
保湿
刺激

如何护理比基尼线

　　是时候开始为穿泳衣做准备了。首先，介绍一下比基尼线的护理。请掌握正确的方法。

比基尼线的护理方法

① 穿上泳衣，然后用眼线笔等描出比基尼线。

② 随着身体的活动，泳衣会有所偏离，修剪时要注意。首先，用小号剪刀（或修眉用的剪刀）将长毛剪去。

③ 涂上足量的剃毛泡沫，一边拉拽皮肤一边用小号剃刀一点一点将毛剃去。注意不要伤到皮肤。

④ 冲掉剃毛泡沫，擦干后涂抹保湿霜。

22

毛发
·········
除毛
·········
治疗

如何修剪阴毛

你是否会修剪阴毛？和欧美人相比，亚洲人修剪阴毛的意识比较薄弱。然而，修剪阴毛不仅看上去整洁，还能预防皮肤问题和异味。因为毛发容易造成闷热，也容易沾上污垢，导致皮肤过敏、散发异味以及增加生理期的不适等。

准备小号剪刀（或修眉用的剪刀）和小号剃刀。首先，决定好阴毛的形状（参考插图）。保留部位的毛如果太长，可用剪刀修至 2~3cm。用剪刀将超出范围的毛修剪至 1cm，再用剃刀剃去。如果不先剪短，长毛可能会缠绕在刀片上，进而伤害皮肤。处理完后，敷上冰毛巾，避免发炎，最后再涂上保湿霜。皮肤脆弱、容易过敏的人，或担心剃毛会造成问题的人，可以去皮肤科进行激光脱毛。阴毛区域黑色素较多，有灼伤的危险，最好在医生的指导下进行，会更让人放心。

6
月

常见的阴毛形状

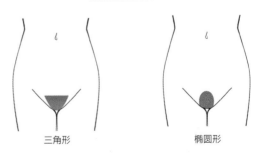

三角形　　　　　　　　椭圆形

多余毛发应该拔掉，还是剃掉

23

毛发
除毛
刺激

对于胳膊、腿等部位的汗毛，你是否会用镊子拔掉？用镊子拔除时，会连根拔起，使长出新毛的时间变长，这是它的一个优点。但是，毛根连着神经、毛细血管汇集的毛乳头，将毛根扯离毛乳头，可能会伤害肌肤，导致出血或炎症。为了修复伤口，毛孔的角质层会变厚，进而堵塞毛孔，致使新生毛嵌在皮肤内，即所谓的"埋没毛"。如果炎症变严重，还会引发毛囊炎。另一方面，如果选择剃毛，就伴随着将皮肤角质层一并剔除的风险。但只要小心注意，剃毛对皮肤的伤害就会比拔毛小。

剃除多余毛发要选用4枚刀片以上的剃刀

24

毛发
除毛
刺激

剃除多余毛发时，无论多么小心，都会把肌肤角质层也一并剃掉。为了尽可能减少这种风险，最重要的是"使用锋利的剃刀"。推荐使用含4枚刀片以上的安全剃刀。刀片表面较宽，接触到皮肤时，可以分散给皮肤带来的压力。而且一次可以剃去大量汗毛，能减少剃刀滑过皮肤的次数。另外，如果刀片开始变钝，立即更换新刀片。剃腋毛的刀片，最好使用2~3次后就更换，当然这也跟毛量有关。

掌握正确的剃毛方法

多余毛发需要定期处理，如果方法错误，就可能导致对皮肤的刺激不断积累，最后引起皮肤问题。今天就来学习对皮肤伤害最小的剃毛方法吧。

毛发
除毛
刺激

对皮肤刺激小的剃毛方法

① 轻轻清洗需要处理多余毛发的部位后，敷上热毛巾，使其发热。如果在浴室处理，请先在浴缸中让身体暖和起来。

② 涂上足量剃毛专用的摩丝或霜。

③ 沿着汗毛的走向，从上往下将其剃除。如果一次性剃除很长一段距离，汗毛可能会缠绕在刀片上，使最后面的汗毛难以剃除，伤害皮肤。应"剃一小段距离，然后清洗刀片，再剃一小段距离"，如此反复。

④ 剃完后，用温水冲洗干净，再擦干。

⑤ 为了让受伤的肌肤镇静下来，请用冰毛巾或保冷剂（用薄毛巾包住）等将其冷却。

⑥ 涂抹凡士林或刺激性小的芳疗基底油①。

注：① 渗透型的霜可能会刺激脱毛后的皮肤，所以要谨慎使用。

鼻毛不能拔

毛发
刺激

鼻毛露出来有损形象。作为一种礼仪，需定期检查一下鼻毛。

鼻毛外露时，应如何处理呢？如果用镊子等工具将其拔掉，毛孔深处可能会受伤，引发炎症。严重时，鼻子内部甚至可能会长粉刺一样的东西。这就是毛囊炎，一种毛孔中细菌增殖，导致化脓、肿胀的状态。患上毛囊炎后，必须去皮肤科治疗。鼻毛如果露出来了，就用圆头剪刀将露出部分剪掉。另外，鼻孔入口处的毛，可以去美容皮肤科进行激光脱毛。

为什么痣上会长毛

毛
黑痣
刺激
治疗

痣是痣细胞[1]在皮肤内增殖形成的良性肿瘤。痣细胞位于皮肤深处（真皮深层）的痣含有很多毛囊，会长毛。这种痣叫作"毛发性色素痣"。拔除或剃除长在黑痣上的毛，可能会伤害皮肤深层，或使其恶化，应尽量避免。如果在意，请用剪刀修剪其尖端。在美容皮肤科治疗时，会先去除痣，再对残留的毛进行医疗激光脱毛，去除得很干净。

注：① 一种来自神经节的异常分化细胞，产生于胎儿的成长过程。痣细胞大多具有生成黑色素的功能，根据其增殖的皮肤深度以及生成的黑色素的量，会生成褐色、蓝色、黑色等各种颜色的痣。

皮脂是毛孔明显的原因吗

容易脱妆的夏天，最在意的就是毛孔。在导致毛孔明显的五大原因（参考 3 月 14 日的内容）中，皮脂分泌过剩会导致毛孔粗大、毛孔堵塞。毛孔粗大常见于年轻时容易长青春痘的人群。被氧化的皮脂堵住毛孔，将其撑大，从而让毛孔变得更加粗大。这种情况需要控油（参考 1 月 22 日的内容）。毛孔堵塞是指过剩的皮脂和角质夹杂在一起形成角栓，堵在毛孔入口处的状态，氧化后还可能发黑。造成毛孔堵塞的原因不只是皮脂分泌过剩，还有过度清洗和保湿不足等。应极力避免用力搓洗以及卸妆湿巾等带来的刺激，并做好充分的保湿工作。

毛孔
清洗
保湿
刺激

6月

对付毛孔，用酵素洁面和视黄醇

无论是哪种类型的毛孔（参考 3 月 14 日的内容），角质变厚以及皮肤失去弹性都会让毛孔更加明显。挤出皮脂，或使用撕拉面膜都会刺激皮肤，让角质变厚。如果不想让毛孔变得更加明显，就使用酵素洁面吧。酵素可以温和地溶解毛孔入口处老化的角质，不会刺激皮肤，只要遵守使用频率，使用酵素不失为一个好办法。另外，为了保持肌肤弹性，特别是毛孔下垂的人，使用含视黄醇的化妆品会很有效。同时也不要忘了守护皮肤的根本，即防御紫外线、干燥、刺激等造成角质变厚的因素。

毛孔
保湿
紫外线
刺激

30

治疗

婚前美容和医疗护理

马上就要举办婚礼了，你是否还在为皮肤问题而烦恼？"工作的疲劳导致肌肤状态差""要穿短婚纱，但是膝盖发黑""要穿露背婚纱，但背上有粉刺"等，对自己的皮肤没有信心的人，建议去美容皮肤科接受医疗护理。

美容会所的婚前美容，一般都是在悠闲的时光中一边放松身心一边接受皮肤护理，多数都是手工护理，这是美容会所的特点。美容皮肤科进行的医疗护理，比起心情，更适合追求效率、效果的人。以使用最新美容设备的治疗、注射治疗以及药物治疗为主。最重要的是，皮肤科医生可以判别肤质，并根据肤质制定最合适的治疗方案，令人非常放心。而且，像治疗粉刺及特应性皮炎引起的肤色暗沉、护理毛孔、治疗松弛和皱纹、去黑痣这些事情，只有医生可以办到。建议在举办婚礼的半年前就开始接受医疗护理。当然，有些诊所提供的治疗无须等待恢复，这种治疗可以在婚礼前几天进行。不要放弃，先咨询一下专业人士吧。

●日本美容皮肤科面向新娘推出的医疗护理项目

改善色斑、雀斑、肤色暗沉、粉刺（针对面部和身体）；去除黑头；改善肌肤状态（提升弹力等）、改善面部轮廓线（瘦脸效果）、脱毛、瘦身等。

7月

JULY

出梅后，就正式进入夏天了。
为了守护年轻的肌肤，
必须和强烈的日晒对战到底。
这个月的目标是完美应对紫外线，
和干燥的空气、空调房的冷气交战，
避免皮肤干燥。

粉刺是夏季病

粉刺
紫外线
生活环境

"天气一热，就开始长粉刺"，你是否有这样的烦恼呢？进入 7 月后，很多人来向我咨询粉刺的问题。我想这是因为紫外线让粉刺恶化了吧。接触到紫外线后，皮肤为了保护自己，就会让角质层变厚，导致毛孔的入口变窄，皮脂将其堵住，造成粉刺的细菌开始增殖。最后引发炎症，生成粉刺。此外，天气变热也会给身体带来各种负担，比如饮食变得紊乱、便秘、睡眠不足、疲劳不堪等。皮肤的末梢循环变差，或者营养不足都会导致肌肤的新陈代谢开始紊乱，这也可能会导致粉刺滋生。

容易长粉刺的人，应在紫外线变强之前，就开始彻底实施防紫外线对策。同时也要管理好身体，避免受夏季炎热天气的影响。

角质层变厚之后

受到紫外线、摩擦等物理性的刺激后，皮肤变得干燥，导致肌肤屏障功能减弱。为了保护皮肤，身体会产生各种防御反应，角质层变厚就是其中一种。此外，年龄的增长也会导致角质层变厚。角质层变厚会带来各种问题，比如长粉刺、毛孔变得明显、皮肤纹理变得不细腻、皮肤变得粗糙、失去光泽等。如果想让变厚的角质层变得光滑，并修复肌肤屏障功能，可以去美容皮肤科接受医疗焕肤，效果很好。

2

松弛
紫外线
生活环境

紫外线会让肌肤变松弛吗

你知道吗？进入夏天后，肌肤就会快速松弛。造成肌肤松弛的主要原因是位于真皮层的胶原纤维和弹力纤维变松、变硬。而造成这个的罪魁祸首就是紫外线和年龄增长。

胶原纤维可谓是肌肤的骨骼。如果把它比作钢架的话，弹力纤维就相当于联合处的接头。这两种物质都是由蛋白质组成的，在失去水分后的真皮层中所占的重量分别为75%和2%。随着年龄的增长，两者都会逐渐减少、变细、断裂，紫外线则加速了这个过程。

长波紫外线（UV-A）到达真皮层后，会伤害制造胶原蛋白、弹力纤维、透明质酸等的纤维芽细胞，同时增加促进胶原纤维分解的酶，从而导致胶原蛋白、透明质酸的量减少，变形后的弹力纤维增加，并以深深的皱纹以及松弛的形式体现出来。

因此，预防紫外线是预防肌肤松弛最有效的手段。另外，为了让构成肌肤的成分实现再生，应摄取充足的营养（特别是蛋白质、维生素和矿物质），同时也要戒烟并保证充足的睡眠，这样才能守护 Q 弹的肌肤。

7
月

进入眼睛的紫外线会引起色斑

紫外线
色斑

进入 7 月后，就开始戴墨镜吧！射入眼睛的紫外线会加强全身黑色素的活性，造成色斑。也容易让眼角膜发炎，造成雪盲。从长远来看，还可能引发白内障、翼状胬肉以及老年性黄斑变性等。为了预防眼部疾病，不仅要在度假时戴墨镜，平时出门时最好也戴。而且，最好是经过防紫外线加工处理的墨镜。颜色的话，浅茶色或灰色更安全。因为即便拥有相同的紫外线遮挡率，戴着黑色等深色墨镜时，眼睛会自然睁大，射入眼睛的紫外线量也会随之增加。

吃梨能消除夏天肌肤的疲劳

饮食

从这个时期开始，梨就会出现在各个商铺，但正式上市是在 9 月份。炎热的夏日，吃梨是再好不过了。梨的 90% 都由水组成，十分适合解渴和给身体降温。此外，梨中还含有果糖、苹果酸和柠檬酸，可以有效地消除疲劳。其脆脆的口感是由石细胞的木质素以及戊聚糖等膳食纤维带来的。这些成分相辅相成，更有效地改善着肠道环境，帮助打造由夏入秋的靓丽肌肤。但是，体寒的人注意不能吃太多。

紫外线
防晒产品

防晒产品要在穿衣服前涂抹

　　你是否只将防晒霜涂抹在裸露在外面的部位呢？在走动的过程中，衣服也会随之摆动，导致紫外线照射到少许被衣服遮住的皮肤。因此，除了裸露在外面的部位，被衣服遮住的边缘部位也应涂抹防晒产品，而且要在穿衣服前涂。特别是穿低胸的衣服时，胸部以上都必须仔细地涂抹防晒产品。如果疏于身体防晒，那么上了年纪之后，皮肤就会变得皱巴巴、硬邦邦。特别是脖子以下胸以上的部位，不知不觉就会晒出色斑、老年斑，皱纹也会增加，需要多加注意。

紫外线

紫外线能穿透浅色衣服吗

　　即便穿了长袖，有些布料或颜色也会被紫外线穿透。在颜色方面，防紫外线能力最强的是黑色，最弱的是白色。在布料方面，经过防紫外线加工处理①的布料自然是最好的，聚酯、维尼纶以及羊毛的防紫外线率也很高。但是，如果布料的织法比较粗糙，衣服整体的遮光率就会降低，选用遮光率再高的布料或颜色也无济于事。

注：① 防紫外线加工的原料有碳、陶瓷、钛、紫外线吸收剂等。加工方法有两种，一种是将原料导入纤维中，一种是将原料附着在成衣或布料上。采用后者的产品，其防紫外线效果会随着清洗而减弱。

7

紫外线
防晒产品

发际处的防晒不容忽视

　　如果要把头发扎起或挽上去，就别忘了白天出门前给发际处也涂上防晒产品。有一种伴随着光老化出现的慢性皮肤病叫作"项部菱形皮肤"，这种皮肤通常出现在后颈。皮肤长期暴露在紫外线下，导致色素沉着，使肌肤呈现褐色。位于真皮层的弹力纤维也遭到破坏，成为一团（光线性弹力纤维病），其结果就是导致皮肤粗糙、皮沟深陷、形成菱形。因此，在后颈变成这样之前，做好防紫外线工作吧。建议可以看到发际的短发人士一年四季都在发际处涂防晒产品。另外，紫外线还会降低人体免疫力，让人容易疲倦。夏天请充分利用衬衫领子、帽子和遮阳伞，防止脖子被晒。

防晒霜

8

紫外线

防紫外线的帽子要根据帽檐挑选

买一顶防紫外线的帽子吧。挑选时，请尽量选择紫外线遮挡率高，且阳光几乎不会照到脸上的款式。无帽檐的帽子会让脸庞两侧被晒。帽檐长且朝下倾斜，而非向两侧延展的帽子比较令人安心。如果可以，购买时请戴上帽子去太阳底下，实地确认一下阳光会不会照到脸上。有些人觉得"因为戴着帽子，素颜出去应该也可以"，于是就素颜出去了，但实际上，紫外线经过柏油等的反射，会从下往上照射到脸上。因此，即便戴着帽子，也要涂防晒霜。

9

基础知识
紫外线
防晒产品

儿童更要防紫外线

近年来，因为臭氧层遭到破坏，到达地面的紫外线数量正在不断增加。为了让婴儿习惯日光，过去的母子健康手册中写着"建议晒日光浴"，但现在已经找不到这样的内容了。从儿童时期起，就要尽可能让紫外线远离生活，这很重要。因为处于生长期的儿童，细胞分裂有多活跃，患上皮肤癌的可能性就有多大，非常危险。人在 20 岁之前沐浴到的紫外线量占了一生沐浴到的紫外线总量的 80%。出去玩之前要涂防晒霜，并且戴好帽子，这种防紫外线的习惯也是大人必须教给儿童的一种生活智慧。

10

紫外线

遮阳伞要选"一级遮光"的

你准备好遮阳伞了吗？如果遮阳伞防紫外线能力比较弱，那么即使打着伞出去了，也会被晒黑。购买遮阳伞时，一定要选择使用遮光率达到99%的材料的遮阳伞。其中，标着"一级遮光"的伞，其材料的遮光率高达99.99%，可以放心使用。遮阳伞是防紫外线不可或缺的工具，至少需要配备两把，一把折叠式的，可以放在外出使用的包内；一把长柄的，外出时间长时可以使用。如果经济条件允许，也可在公司放一把。开车的人可以在车内备一把。

注意遮阳伞上的标记

有些日本的遮阳伞上带着"遮热、遮光"的标记。只有在遮热指数测试中，获得高遮热指数的材料才能标上这个标记（由日本洋伞振兴协会制定）。走入标有这个标记的遮阳伞下时，会感到比较凉快。夏天外出时，就指望它了。在国内购买遮阳伞关键要注意伞骨架内侧的标签上应标有国家标准的编号、UPF值、30+ 或 50+ 等字样，还应有产品质量检验合格证等。

11

紫外线

防晒产品

室外运动的防紫外线对策

　　这个时期，如果想进行一些室外运动，比如跑步、打高尔夫、打网球、爬山等，首先要用衣服遮挡紫外线。建议穿具有防紫外线效果以及吸汗速干功能的功能性长袖运动服。如果可以，再佩戴手套和帽子，墨镜也是必需品（参考 7 月 3 日的内容）。因为射入眼睛的紫外线不仅会引发眼部疾病，还会增强全身黑色素的活性。推荐选择具有防紫外线效果、符合面部曲线的运动型墨镜。至于防晒产品，请在穿衣服前涂于露出来的部位。像跑步这样会大量出汗的运动，防晒产品容易失效，所以最好每隔 1~2 个小时就补涂一次。打高尔夫时如果要走完整个线路，就在走完一半的时候补涂。如果难以通过衣服防晒或补涂，可以服用防晒胶囊"荷丽可（Heliocare）"（参考 7 月 23 日的内容）。

7
月

防晒产品应直接涂在皮肤上

在身上涂抹防晒产品时，不要先倒在手心，再涂抹。应直接用防晒产品在皮肤上画一条直线，再用手心画圆般地抹开。这样涂会涂得比较均匀。面部也同样，最好涂两遍，局部可涂三遍。

先用防晒产品在身上画直线，再抹开。

用维生素A、维生素C和维生素E来对抗紫外线

夏天，即便小心翼翼地做好了防晒措施，比如勤涂防晒产品等，也避免不了紫外线的伤害。因此，在7至9月紫外线变强期间，应更加积极地摄取维生素A、维生素C和维生素E，从身体内部来对抗紫外线。这三种维生素都具备防止肌肤衰老、增强免疫力和抵抗力的作用。比起单独摄取，组合在一起摄取能发挥更强的效果。尽量通过每天的饮食摄取，营养补充剂只能作为辅助手段（参考5月17日至24日的内容）。

14

饮食
紫外线

早晨吃柑橘类水果会长色斑吗

夏天的早晨，你是否会通过柑橘类水果摄取维生素 C 呢？柑橘类水果中富含的维生素 C 是美肌不可或缺的营养元素，但同时也要警惕其中的光敏性物质"补骨脂素"。不论是食用，还是涂抹，它都会提高肌肤对紫外线的感受性，促进全身黑色素的形成。因此，它会引起色斑、色素沉着，也会提高患皮肤癌的风险。

含有大量补骨脂素的食物除了柠檬、葡萄柚、橙子等柑橘类水果外，还有黄瓜、猕猴桃、无花果、茼蒿、伞形科蔬菜（西芹、欧芹、鸭儿芹、青紫苏叶、明日叶、香菜）等。这些食物应避免早上吃，尽量晚上吃。柑橘类水果的果皮中含有大量补骨脂素，其汁水溅到脸或手上后，容易引起色斑。另外，用生黄瓜或柠檬敷脸，不仅达不到任何美容效果，还会带来诸多损害。柑橘类水果的精油也要避免接触暴露在太阳光下的部位。

夏天如果想要多摄取维生素 C 来对抗紫外线，可以食用不含补骨脂素的红彩椒、紫甘蓝、西蓝花和花椰菜等。

15

肤质会遗传吗

从某种程度上来讲，肤质也会遗传。某研究表明，父母都是特应性体质，其孩子得特应性皮炎的概率是普通孩子的 4 倍。雀斑、肤色、体臭（汗液分泌物的成分等）的遗传概率也很高。这当然也跟显性基因（容易显现的性状）和隐性基因（不容易显现的性状）有关。雀斑就是显性基因，它的遗传概率达四分之一。

从父母那儿继承的遗传性状无法改变。因此，让遗传于父母的皮肤维持最佳状态的护理，才是获得靓丽肌肤的关键。比如，对于特应性体质的人而言，通过充分保湿来保护肌肤屏障，并让皮肤维持在不发炎的状态，才是最好的护肤。只要做到这一点，皮肤纹路就会比其他肤质的人细腻，从而就能让皮肤保持水润靓丽。

对于皮脂分泌多、皮肤发油、毛孔张开的人而言，通过控油让皮肤维持在不长粉刺的状态，才是最好的护肤。只要做到这一点，就不容易过敏，也不容易长皱纹，让皮肤保持年轻有光泽。

不要因为遗传就放弃了，要找到自己皮肤的优点，并加以利用，进行必要的护理。

16

紫外线
防晒产品

小心脚背和耳朵被晒黑

夏天，最容易不小心晒黑的部位是脚背和耳朵。脚背是太阳光垂直照射的部位，紫外线对它造成的伤害超出了我们的想象。不穿袜子时，应在腿和脚背上涂满防晒产品，等它稍干后再穿上凉鞋。

耳朵和后颈一样，也应该涂防晒霜，尤其是短头发的人。男性往往会忘记涂，有些人只有耳朵被晒黑，还为长出了色斑或老年斑而烦恼不已。这里教大家一小招，一边念"最后涂耳朵和脚背"，一边涂防晒产品的话，就不会忘记啦。

17

紫外线
防晒产品

在家中也需要防紫外线

你知道吗？拉上蕾丝窗帘，长时间躺在家里的沙发上，也会被晒黑。紫外线中波长较长的 UV-A 可以穿透玻璃射进来，即使在家里，也会受到紫外线的影响。如果不断地在家中"不小心被晒"，皮肤就会逐渐松弛，皱纹也会不断加深。虽然这种日晒没有自觉症状，也不会将皮肤晒红，但是也会伤到基因。因此，早上起床后，即便不出门，也要涂上防晒产品。除此之外，最好将客厅和卧室的窗帘换成可以遮挡紫外线的窗帘，或在玻璃上贴上具有遮挡紫外线功能的防护膜。

7
月

18

紫外线
防晒产品
化妆

补妆要在午饭前

　　即便早上涂了防晒产品,其效果也会因为上班、上学时流汗、擦汗等行为而下降,到了中午,就只剩一半的效果了。因此,一天至少要在中午时分补涂一次防晒产品,同时也要补妆。如果午饭要去外面吃,就要养成午饭前补妆的习惯。同时,也不能忘记用遮阳伞、帽子和墨镜遮挡紫外线。

补妆的方法

① 去除皮脂后用纸巾轻压,在干燥的部位涂上保湿霜。

② 涂防晒产品(参考 3 月 11 日的内容)。

③ 最后使用粉状粉底或散粉,可以防止汗液、皮脂引起的脱妆。

头发
紫外线

紫外线会让头发变色吗

在太阳直射的海边或泳池中,如果头发是湿的,会加速褪色。

头发的皮质层中含有黑色素,而太阳光会分解这种黑色素,从而改变头发的颜色。头发上有水会进一步促进该反应,所以湿发比干发更容易变色、褪色。在海边或泳池时,请戴好帽子,如果头发湿了,请立即擦干。

皮质层
髓质层

表皮层

头发的结构

紫外线

海水浴时间表

夏天到了,今天就让我们来聊一聊享受海水浴的时间吧。建议上午 9 点之前,下午 3 点以后去享受海水浴。如果是在外旅游,可以清晨下一次海,然后在紫外线量较多的 10 点至下午 3 点去购物、享受美食,或在室内玩耍、看书,等到了下午 3 点以后再去海里游泳。在紫外线强烈的时间段内,仅仅沐浴 1 小时紫外线,就会给基因带来数不尽的伤害,提高将来患皮肤癌的概率。特别是儿童,需要加倍注意。太阳没下山之前,不要忘了穿防晒服。

紫外线
防晒产品

海水浴装备

去泡海水浴时，请利用防晒衣、帽子、墨镜和防晒产品等，彻底将紫外线隔绝在外。首先，在泳衣无法遮盖的部位涂上防水的防晒产品。然后再穿上泳衣以及长袖、长裤（到脚腕的长度）的防晒服。帽子和墨镜要准备可以戴着入水的类型。建议选择和防晒服相同材质的帽子。墨镜要选择脏了也不可惜的。如果可以，再准备一双下海穿的短靴。因为在海里，你可能会被海蜇刺伤，或被岩石、贝壳割伤。因此，为了防止发生意外，也需要准备好长款防晒服和短靴。

海洋生物引起的皮肤炎

接触到海洋生物后可能会引发皮炎。水母性皮炎是由海蜇触手上的毒液引发的敏感。被蜇后，会有刺痛感，接着出现绳索状的红斑。珊瑚皮炎则是由珊瑚中的毒液引发的敏感。碰触到珊瑚之后就会发疹，甚至会溃烂，不得不进行植皮，请务必注意。无论是哪种情况，被蜇后，都应立即用清水冲洗，再涂抹类固醇类外用药，并尽快去皮肤科就诊。

22

紫外线

不小心晒黑之后该怎么办

皮肤在不知不觉中被晒红，就相当于轻微的灼伤，需要进行抑制炎症的护理。首先，使用被冷水浸湿的毛巾或凉水让患部冷却下来。等灼烧感消失后，再涂抹凡士林。等稳定下来之后，再用刺激性小的化妆品代替凡士林。但是，一旦起水泡，请尽快去皮肤科就诊。

如果是在晒到太阳之前摄取维生素 A、维生素 C 和维生素 E 等可以从体内对抗紫外线的营养元素，可以发挥防止晒伤的效果，请在晒前摄取，而不是晒后。

23

紫外线
治疗

什么是口服型防晒产品

有些时候可能无法用衣服或帽子遮挡紫外线，也无法补涂防晒产品。这种时候，口服型防晒产品荷丽可（Heliocare）就能一展身手了。它是源自西班牙的一种口服型防晒产品，也是一种能够让紫外线引起的氧化应激失效的营养补充剂。主要成分是酚波克，具有很强的抗氧化作用，可以从基因层次保护细胞。除此之外，还加入了抗氧化性强的维生素 C、维生素 E 和维生素 D、叶黄素和番茄红素，保护身体免受各种情况下生成的活性氧的迫害。在沐浴紫外线前 30 分钟服用 1 粒，效果可以维持 4~5 个小时。

孩子身上长的小疙瘩是传染性软疣吗

24

治疗

仔细观察这个小疙瘩，看它是不是有水一样的光泽，而且呈疣状凸出来？如果它的直径在 5 毫米之内，且顶部稍微下凹，那么就有可能是传染性软疣。这是一种好发于 7 岁以下儿童的传染病，夏天得病人数会增加。很多人在游泳池中被传染，因为氯让角质变弱，致使碰触打水板等物之后，病菌容易侵入皮肤。多发于手心和脚掌的寻常疣是感染人类乳头瘤病毒（HPV）引起的，而传染性软疣则是由传染性软疣病毒（NCV）引发的。

传染性软疣应该摘除吗

25

治疗

夏天，得传染性软疣的孩子会增加。一般的治疗方法是用专用的镊子夹住传染性软疣的根部，将里面的白块挤出来。还有一个方法，就是等。健康的儿童，通常会在 6 个月或 3 年内自然治愈。但是，这个方法存在个体差异，无法预测痊愈的时间，而且痊愈之前还会传染给他人。因此，趁着数量少的时候将其摘除，才是最实际、最快速的治疗方法。使用局部麻醉的霜或胶布，可以减轻疼痛。传染性软疣的潜伏期长达 2 周或 1 个月以上，治疗后仍需要注意观察。

恋爱后皮肤会变好吗

26

基础知识
激素

恋爱后，大脑会下达命令，要求分泌数种激素，释放美丽、吸引异性。这其实是一种动物的本能反应。分泌的激素主要有雌激素、后叶催产素、多巴胺和苯乙胺（PEA）四种。这些激素会刺激交感神经，使瞳孔变大、眼睛水润，也会促进血液循环，使脸颊泛红，人体线条更具女性的柔美。这时，人体"压力激素"的分泌会减少，是皮肤状态变好的绝佳机会。请继续进行正确的护理，争取让肌肤充满弹力和张力。

夏日恋情和性病

27

基础知识

夏天，会有很多相遇，也会有很多分离。但是与性病的相遇，绝对是必须避免的。有些病的症状比较轻微，而有些则比较严重。对于女性而言，因为身体构造上的原因，细菌容易从阴道进入子宫、输卵管，进而侵入腹腔，造成严重的后果。现代医学难以完全治愈的艾滋病在男女间的传染也在不断增加。为了避孕和预防性病感染，学会正确使用避孕套。能保护自己身体的只有自己。如果身上出现了疑似性病的症状，请尽快去医院就诊。

28

基础知识
治疗

常见的性病

先来了解一下传染性强的常见性病吧。这些病会给身体带来不小的伤害，甚至导致不孕，女性必须充分了解，并保护好自己的身体。

性病的种类

● **尖锐湿疣**：由人类乳头瘤病毒（HPV）感染所致。主要表现为外阴部、阴道、宫颈等部位出现单个或多个乳头状、鸡冠状、菜花状或团块状的赘生物。是宫颈癌的诱因。主要通过液氮冷冻疗法、二氧化碳激光等方式进行治疗。除此之外，咪喹莫特乳膏的效果也不错。

● **生殖器疱疹**：感染单纯疱疹病毒所致。感染后有 3~7 天的潜伏期。之后外阴部出现小水疱或浅溃疡病变。会反复发作。治疗主要依靠内服抗病毒药。

● **衣原体感染**：主要由沙眼衣原体所致，是感染最多的一种性病。女性感染之后，80% 的人没有症状，如果放任不管，会引发子宫内膜炎、输卵管炎等，更会造成不孕、流产、早产等。主要依靠内服抗生素治疗。

● **梅毒**：由梅毒螺旋体感染所致。初期潜伏期为 3 周左右，结束之后外生殖器等接触细菌的部位会出现初期硬结，中间出现浅溃疡（一期梅毒）。之后，经过两个月的第二期潜伏期之后，会反复出现各种症状，如被称为梅毒疹的红斑、丘疹、脓包等，且无自觉症状。这就是二期梅毒。一般会在这个时候接受治疗。但也有发展到三期、四期的情况。近年来，男女间的感染正在不断增加。依靠口服抗生素治疗。

● **淋病**：由淋球菌感染所致。女性会引发宫颈黏膜炎、子宫内膜炎，但多数没有症状。会导致不孕。治疗主要依靠注射抗生素。

● **念珠菌性阴道炎**：由念珠菌感染引起。感染的原因有两种，一种是性行为。另一种是因为长期服用抗生素等，导致阴道内原本就存在的念珠菌异常增生，最终发病。主要症状有外阴部和阴道内瘙痒、发炎疼痛、白带多呈豆渣状。通过外用抗真菌剂治疗。

29

饮食

毛豆让肌肤和肝脏更健康

7月

毛豆是万能食物之一，最佳食用时间为7至9月。它兼具豆类和蔬菜两类食物的营养价值。不仅含有丰富的蛋白质、维生素 B_1 和膳食纤维，还含有大量大豆没有的维生素 C。可以抑制活性氧的活动，也可以抑制造成色斑和肌肤暗沉的黑色素的生成，所以具有美白效果。除此之外，毛豆中还含有维生素 B_2、叶酸、矿物质（钾、镁、铁、钙、锌、铜），是一种非常理想的食物。另外，维生素 C 和维生素 B_1 有助于分解酒精，减轻肝脏负担，因此喝啤酒时吃毛豆十分合理，营养价值也十分均衡。

30

饮食

吃秋葵，补充矿物质

多吃秋葵，补充矿物质吧。秋葵的最佳食用时间为 7 至 9 月。它含有钙、钾、镁、锰等肌肤再生不可或缺的矿物质，营养十分均衡。此外，它还含有塑造靓丽肌肤不可或缺的 β - 胡萝卜素、维生素 B_1、维生素 C 和叶酸。秋葵特有的黏性是由半乳聚糖、阿拉伯聚糖、果胶等膳食纤维带来的。它可以改善肠胃功能，防止便秘。随着细胞组织遭到破坏，这种黏性会增加，生吃的时候，最好切碎、切细后再吃。如果要加热，快速焯一下就可以了。也非常适合做成炒菜、拌菜或汤。秋葵是非常适合做家常菜的蔬菜。

31

治疗

头上出现的白色的虫子是头虱吗

近年来，头虱频繁发生。头虱寄生在人的头部，从头皮中吸血，被吸部位会发痒。大多发生在儿童身上，因此学校等地爆发头虱时，应密切观察孩子的头皮。特别是从耳朵周围到发际的区域，藏有很多虫卵，必须重点观察。发现头虱或其虫卵后，请使用灭虱专用的洗发水。如果不确定是不是头虱，请到皮肤科就诊。

8月

AUGUST

烈日炎炎的夏天，
在阳台晒衣服，结果不小心晒黑了。
为了避免这样的事情，
请做好充分的防晒措施。
夏天里，美甲令人愉悦，
汗和异味却令人郁闷。
保持清洁，
有助于提高好感度。

汗液

刺激

像盖章一样擦汗

用手绢或毛巾擦汗时，你是否会使劲摩擦？尽管已经很小心翼翼了，摩擦皮肤的行为还是会给皮肤造成负担。长此以往，可能会破坏肌肤屏障，让皮肤变得干燥，或引发炎症。而且，皮肤也会做出防御反应，主要表现为角质层变厚，这可能会导致粉刺或让肌肤变得僵硬。因此，擦汗时，要用手绢或毛巾盖章般地按压皮肤，使汗液被吸收。除了面部，身上也要盖章式擦汗。如果使用的手绢或毛巾吸水性差，就会让人不自觉地想要摩擦皮肤，最好使用吸汗性较好的纱布材质的手绢或毛巾。

汗液

异味

不要过度在意出汗

首先要认识到，出汗是正常的生理反应。为了调节体温，或者受紧张、兴奋等精神因素影响，所有人都会出汗。有些人觉得自己的出汗量比别人多。实际上，太过在意反而会导致出更多的汗。不要太过在意汗液，做好出汗对策（参考8月4日的内容）就可以了。如果汗量已经多到影响日常生活的程度了，那就有可能是多汗症（参考8月5日的内容），这种情况需要咨询皮肤科。想要消除汗臭的人，首先也要做好出汗对策。如果还是不管用，就有可能是狐臭或自臭症①，需要咨询皮肤科的医生。

注：① 认为自己身上散发的味道比实际要浓烈，为此周围的人都对自己避而远之的状态。

3 清爽的汗和黏稠的汗

汗液有两种，小汗腺分泌的汗和大汗腺分泌的汗。小汗腺分泌的汗 99% 都是水，比较清爽。酷暑天，为了调节体温出的汗主要是小汗腺分泌的汗，比较清爽，容易干。而大汗腺分泌的汗中含有脂肪酸等物质，比较黏稠。紧张兴奋的时候，小汗腺分泌的汗和大汗腺分泌的汗会混杂在一起，心跳加速时，手上出的汗会比较黏稠。大汗腺分泌的汗原本是无味的，但会被正常菌群分解，散发出异味。这是它的一个特征。

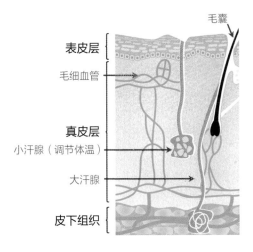

表皮层

毛细血管

真皮层

小汗腺（调节体温）

大汗腺

皮下组织

毛囊

小汗腺

分布于全身。炎热的时候会分泌汗液，并通过蒸发吸热来调节体温。另外，情绪受到刺激时（特别是精神紧张时），额头、手心、脚心、腋下会出汗。小汗腺分泌的汗中，水分占了 99%。其他还有矿物质（钠等）、保湿成分（尿素等）以及各种汗腺防御成分。

大汗腺

分布在腋下、乳头、阴部附近等有体毛的部位。情绪受刺激（兴奋、紧张等）时会分泌汗液。大汗腺分泌的汗液中含有脂肪酸等物质，比较黏稠。

8月

务必掌握的基本出汗对策

正在为汗量大、黏稠、异味而烦恼的人，可以采取下面这些"基本的出汗对策"，缓解不悦感。

基本的出汗对策

① 出汗后立即擦拭

出汗后放任不管，会导致汗液被细菌分解，形成异味。所以，请养成用吸水性强的毛巾迅速擦汗的习惯。如果可以冲洗，就用清水冲洗干净。

② 穿透气性好的内衣

建议穿吸汗且速干材质的内衣。

③ 穿宽松的衣服

紧贴身体的衣服不利于通风，容易出汗。所以建议穿透气性好、领口大、飘逸的宽松衣服。

④ 使用止汗剂

想要更加放心的人，可以在出汗前使用含有抑制汗液成分的止汗剂。如果止汗剂中还含有抗菌成分或消臭成分，还能同时解决异味问题。

夏季，用手绢或小手巾盖章式擦干面部汗液。

5

汗液
治疗

什么是多汗症

　　当出汗量太多时，你也会怀疑自己是不是得了"多汗症"吧。为了调节体温，或受到紧张、兴奋、痛苦等情绪的刺激时，人体会出汗。一般而言，即便几乎不走动，成年人一天的出汗量也会达到600~700ml，当然这也会随着年龄、环境以及动作的不同发生很大的变化。在高温条件下，或运动后，出汗量会成倍增长。

　　出汗量异常多时，就患上了"多汗症"。多汗症的汗是由小汗腺分泌的，这是它的一个特征。实际上，多汗症存在很大的个体差异，而且有时还无法明确区分生理性多汗和病理性多汗。

　　多汗症有两种。一种是"全身性多汗症"，全身的出汗量都很大。有些是体质引起的，有些则是发热性疾病、甲状腺功能亢进、风湿性关节炎、糖尿病、体温调节中枢异常、药物副作用、怀孕、更年期等引起的。另一种是"局部性多汗症"，常见于小汗腺分布较多的面部、腋下、手心和脚心。几乎都是紧张、兴奋等引起的情绪性多汗。

　　如果怀疑自己得了多汗症，请去皮肤科咨询。如果需要治疗，注射肉毒杆菌的效果会比较好。乙酰胆碱是一种在交感神经末端促进出汗的神经递质，而肉毒杆菌则具有抑制乙酰胆碱分泌的功能。一般是在腋下注射，效果可以持续半年以上。

8月

6 汗液有异味吗

汗液
异味
饮食

人体排出汗液的细管（汗腺）有小汗腺和大汗腺两种。两者分泌的汗液都是无味无臭的，但在体表和皮脂混合后，会被细菌分解，进而产生异味。特别是大汗腺分泌的汗液，其中含有脂肪酸等物质，分解后会生成氨，散发令人讨厌的气味。另外，如果汗腺功能衰退，或动物性蛋白质摄取过多，汗液中就会出现很多导致异味的成分。如果十分在意汗臭，就要做好出汗对策（参考 8 月 4 日的内容）。最好是通过锻炼养成定期出汗的习惯，同时，也要注意饮食。

7 信息素过多也会造成狐臭吗

汗液
异味

今天，让我们来谈一谈利用嗅觉吸引异性的"信息素"。大汗腺分泌的汗液含有脂肪酸等物质，到达体表之后会被正常菌群分解，产生异味。而这种异味就是信息素。但是，当这种异味太过强烈时，就会变成令人敬而远之的"狐臭"。如果想要自己判断是不是狐臭，可以检查耳垢。如果耳垢看上去比较潮湿，那么有很大可能是狐臭。因为耳朵里也有大汗腺，汗腺发达时耳垢会变得潮湿。

8

毛发

除毛

刺激

不要在洗澡时刮脸

　　处理多余毛发时，最适合在洗澡时处理的只有身体。但面部皮肤比较薄，当它处于温润、柔软的状态时，刮毛容易刮深，给皮肤造成细小的伤口。因此洗澡时，请不要刮脸。那要如何才能既保护皮肤，又将脸刮干净呢？请参考下面的刮脸方法。1~2 周刮 1 次脸，不仅可以让多余毛发不见踪影，还能去除角质，让肌肤通透光亮。但是，切勿刮得太频繁。因为频繁刮脸会致使肌肤试图提升屏障功能，从而使角质层变厚，引起皮肤粗糙和纹理粗乱等问题。刮脸频率高的人，建议采取激光脱毛。

对皮肤温和的刮脸方法

① 准备刮脸专用的剃刀。逆着毛的方向，将足量的保湿霜涂抹于整个面部。

② 向着刮毛的方向提拉面部，同时沿着毛的走向将其剃除。

③ 刮完后，用被水浸湿的化妆棉轻轻将保湿霜擦拭掉。

☆使用电动剃刀时，不要紧贴皮肤，要轻轻滑动，仿佛从上面飘过一般。

如何抑制狐臭

9

汗液
异味

为了抑制狐臭等腋下的异味，首先要做好出汗对策（参考 8 月 4 日的内容）。止汗剂中除了抑制汗液的成分外，还有抗菌和除臭成分。建议使用利于均匀涂抹的滚珠型。腋毛会造成湿气，也容易沾染污垢，这些都是造成异味的原因。一年四季都应勤快地用剃刀处理腋毛。如果采取了以上措施之后，还是有异味，请咨询皮肤科医生。一般采用激光脱毛和注射肉毒杆菌相结合的方式进行治疗。脱毛后，大汗腺的分泌量会减少。而注射肉毒杆菌可以减少小汗腺和大汗腺分泌的汗液，让异味难以扩散。

汗流不止的时候该怎么办

10

汗液

"接下来要去见很重要的人，但是在外面一走，就全身冒汗，而且怎么也止不住。"这种时候，请为脖子、腋下和大腿根部降温。可以用纱布包裹住保冷剂，然后围在脖子上，或置于腋下、大腿根部。遇到紧急情况时，也可以去买冰凉的罐装果汁，然后用手绢将其裹住，置于脖子或腋下。通过冰镇大动脉经过的部位，让体内循环的血液冷却下来。体温也会随之降低，从而减少出汗量。之后再饮用冰镇的饮料，应该就可以止汗了。

皮肤瘙痒是痱子，还是汗液过敏

瘙痒
汗液
敏感肌肤
清洗
刺激

出汗后，脖子或胳膊内侧是否会发痒，让人忍不住抓挠呢？因汗液引起的小疙瘩或瘙痒症状来诊所的多数患者都是"汗液过敏"，而非"痱子"。

痱子是汗腺堵塞引起的皮炎。汗腺部位会出现白色透明的水疱或红色小疙瘩（汗疱症），但多数情况不太会发痒。

汗液过敏是汗液蒸发后残留下来的盐分、氨刺激皮肤后引发的炎症，是由汗液造成的过敏现象（原发性刺激性接触性皮炎）。炎症不仅发生在汗腺部位，还会扩散到汗腺周围，伴有刺痛感和瘙痒。为了预防汗液过敏，需要注意以下事项。

预防汗液过敏的方法

- 养成出汗后立即擦干的习惯。有条件清洗时，尽快用清水清洗出汗的部位。
- 穿吸汗速干材质的内衣。
- 穿透气性好的衣服。
- 不要穿紧贴身体的衣服。
- 坚持每天进行保湿护理，提高肌肤屏障功能。

8
月

12

化妆品
保湿
刺激

旅行时，要携带平时常用的化妆品

旅行时，你是否会使用酒店配备的化妆品、洗发水呢？对于皮肤健康的人来说，这不会造成任何问题。但如果皮肤比较脆弱，就一定要携带平时在家使用的化妆品。

旅行时，因为身体的疲惫，肌肤的屏障功能容易减弱。而且，也不知道初次使用的化妆品是否适合自己的皮肤。旅行回来后，容易出现"皮肤变粗糙了""长头皮屑了"等问题。酒店准备的化妆品等产品可以在紧急时刻使用，也可以带回家，在皮肤状态良好的时候，当作试用品来使用。

在飞机上要充分保湿

飞机客舱内的空气湿度比较低。长时间飞行时，湿度更是会降至 20% 以下。不仅会觉得口渴，还会出现眼睛发干，鼻子或喉咙发疼的症状。皮肤的水分自然也会流失。因此，坐飞机时，应每隔两个小时就给整个面部涂抹含有神经酰胺等成分的高保湿美容液或保湿霜，也可以敷面膜。穿长袖、长裤、长裙也能防止皮肤干燥。手部要勤涂护手霜。

13

男性的加龄臭、脂臭和疲劳臭

男性在意的异味中，比较有名的是加龄臭。除此之外，还有脂臭和疲劳臭。

脂臭是 30~40 岁男性特有的气味，闻起来像变质的食用油一样。这种气味产生于后脑勺到后颈的区域，只要闻闻枕头，就能知道它是怎样的味道。造成这种气味的原因主要有两个。一个是皮脂腺分泌的皮脂被正常菌群分解，产生气味。另一个是因为小汗腺分泌的汗液中含有乳酸，它被头皮中的葡萄球菌代谢、分解后产生双乙酰，进而散发出气味。这种气味在 40 岁左右时达到峰值，之后逐渐减弱。

疲劳臭是一种夹杂着氨臭味的气味，从汗液或呼吸中散发出来。疲劳、压力的累积导致肝功能降低，解毒功能减弱，进而导致血液中氨的含量增加，产生疲劳臭。要想消除这种气味，就应该保证充足的睡眠，控制酒精，杜绝暴饮暴食，并尽可能不要积攒压力。只要肝功能恢复健康，这种气味就会消失。

加龄臭是皮脂中含有的棕榈油酸被氧化后形成的 2- 壬烯醛的味道。40 岁以后，它的量会随着年龄的增长而逐渐增加。主要从躯干和背部散发，闻起来像枯草的味道。

8
月

161

14

异味

为什么敏感区域会有异味

　　进入流汗的季节后，就会开始担心敏感区域的异味。敏感区域分布着很多大汗腺，汗液和皮脂腺分泌的脂肪混合在一起，被细菌分解之后，就会产生和狐臭一样的气味。另外，白带、经血、尿液或粪便会沾到阴毛或内裤上，一闷热就会散发令人讨厌的味道。健康女性阴道内含有的乳杆菌会让阴道时刻保持酸性，杂菌无法进入。因此，对于健康女性而言，敏感区域散发酸味是再正常不过的事情。

15

异味

清洗

如何处理敏感区域散发的异味

　　抑制敏感区域散发异味的关键在于抑制细菌的繁殖。为此，必须尽可能避免沾上污垢，一旦沾上后应立即去除。上厕所时，如有条件，尽量使用智能马桶冲洗敏感区域，特别是要清洗掉沾到阴毛上的污垢。生理期使用的卫生巾或护垫要勤更换。另外，生理期时，使用卫生棉条更有利于减少异味。洗澡时，用清洁力弱的产品快速冲洗敏感区域的表面。如果过度清洗黏膜部分，会导致屏障功能降低，致使细菌更加容易繁殖。

16

饮食

吃西瓜能预防夏倦、塑造美肌

多吃西瓜吧！西瓜是 7、8 月的应季水果。现在这个时候，酷暑导致的疲劳让人体很容易流失维生素 C，汗液又会带走大量的钾。西瓜就是为这个季节量身打造的水果。它可以为人体补充具有消除疲劳效果的维生素 C 以及可以促进皮肤再生的钾元素。红色果肉中含有的番茄红素具有强大的抗氧化作用，可以分解活性酶，防止肌肤衰老。除此之外，它还含有另一种具有抗氧化作用的成分——β-胡萝卜素以及瓜氨酸，一种能让血管返老还童、促进血液流通的氨基酸。西瓜含 90% 的水，还能用来预防中暑。

17

汗液
皮脂

黏在身上的是皮脂，还是汗液

"因为是夏天，所以皮脂分泌会增多"，这是真的吗？某化妆品公司在一项研究皮肤出油和毛孔的实验中，花了一年时间对实验对象的皮脂分泌量进行了监测。结果发现全年的皮脂分泌量几乎没有变化。可见夏天肌肤黏稠、泛油光都是汗液导致的。汗液的 99% 都是水分，剩下的 1% 中包含钠、氯、钾、钙、尿素等。这些成分导致汗液难以从皮肤表面蒸发，也会让因汗液而潮湿的皮肤难以失去水分。这也就是皮肤黏稠，看上去湿润的原因。

18

干燥皮肤

警惕"隐性干燥"

检查一下皮肤吧！如果摸上去感觉毛糙，或比平时僵硬，那它可能缺水了。出汗的夏天，皮肤因为汗液而显得很湿润，但实际上，它有可能正处于干燥状态。放任不管的话，到了秋天，干燥、暗沉、皱纹等皮肤问题就会全面爆发。

通过下面的检查表确认一下自己是不是隐性干燥皮肤吧。符合超过 5 项的人，请从现在开始就采取充分的保湿措施。

隐性干燥肌肤检查表

☐ 妆容不服帖

☐ 皮肤纹理粗，毛孔明显

☐ 冬天的时候，为皮肤干燥而操心

☐ 外出一小会儿或只是晒个衣服，不会涂防晒霜

☐ 皮肤清洗到光滑的程度

☐ 夏天不涂保湿霜

☐ 长时间待在空调房中工作

☐ 经常睡眠不足

☐ 容易便秘

☐ 吸烟

19

身体
紫外线
生活环境

紫外线会导致身体线条垮掉吗

试着挥舞上臂，上面的肉会像宽袖子一样晃荡？这不仅是因为脂肪增加了，还有一个很大的原因，那就是支撑皮肤的胶原纤维的结构发生了变化。有些人很瘦，但上臂还是会像宽袖子一样晃荡。而十几岁的少女，即使微胖，上臂的弹力也很好，挥动的时候几乎不会晃荡。除了上臂之外，皮肤、脂肪组织、连接筋膜的胶原纤维的退化也值得我们注意。胶原纤维的退化是由紫外线、剧烈的体重变化以及营养不良引起的。因此，必须对身体采取无懈可击的防紫外线对策，并维持适当的体重。

蚊虫叮咬

受蚊子喜欢的人

今天是"世界蚊子日"，是为了纪念细菌学家罗纳德·罗斯发现疟疾的疟原虫而设定的纪念日。蚊子接收到人体排出的二氧化碳、体温、汗液中包含的丙酮、乳酸等挥发性物质的信息后，就会飞过来吸血。因此，体温高的人、代谢好的人、经常出汗的人比较招蚊子喜欢。也就是说，儿童和孕妇容易被蚊子叮咬，喝酒或运动后，也容易被蚊子叮咬。另外，也有研究表明，在所有血型中，O型血的人最容易被蚊子叮咬。再者，蚊子喜欢暗色系，穿黑衣服时，更容易被叮咬。

8
月

21

蚊虫叮咬

被蚊子叮咬后，首先要冷却

蚊子吸血时，它的唾液会进入人体皮肤，引起过敏反应，让皮肤发痒肿胀。这时如果用指甲抓挠，可能会伤害皮肤，留下疤痕，或引发二次感染，不要抓挠。那要怎么处理呢？首先，用水清洗患部，再用冷水或冰将其冷却，从而抑制发炎。反应剧烈的人，或容易留疤的人（儿童或特应性体质的人等），冷却完后还要涂抹类固醇软膏，以防恶化。可以随身携带市场上出售的或皮肤科医师开的药物。被蚋、蜜蜂叮咬时，也要做相同的应急处理。但是，如果症状比较严重，比如发烧了，请立即前往医院治疗。

22

蚊虫叮咬
过敏
治疗

选择止痒药时需要小心

不少人会随身准备止痒药，以防被蚊子、螨虫等叮咬时需要。能有效抑制蚊虫叮咬引起的瘙痒的成分包括抗组胺成分、类固醇成分以及清凉成分等，其中，尤其需要小心的是一种叫作"利多卡因"的成分。利多卡因是一种局部麻醉药。如果对利多卡因过敏的人使用了利用其麻醉效果来止痒的产品，就有可能产生过敏反应。不确定自己是否会过敏时，请仔细阅读并确认产品上的说明之后再购买。

23

蚊虫叮咬

被蜱虫叮咬后该怎么办

　　被蜱虫叮咬后，请立即前往医院的急救门诊。蜱虫吸血时会钻入皮肤深处，不要试图自己取出来，应直接去医院。因为如果去拉扯它，它的嘴会留在皮肤中，到时就必须做手术了。被咬后的几周内，仍需密切注意自己的身体状况。因为蜱虫携带的病毒或病原体有可能会引发感染。不少莱姆病患者就是通过携带伯氏疏螺旋体的蜱虫而感染的，这种病如果放任不管，可能会引发红斑、面部神经痛、心律不齐、脑膜炎等。如果身体出现了异常症状，请立即去医院就诊。

8
月

24

基础知识

保湿

保湿霜

补水喷雾会让皮肤干燥

　　炎炎夏日，为了保湿，你是否会在面部或身上喷补水喷雾呢？或者为了美容，是否会用蒸汽熏脸呢？皮肤真的会因此变得滋润吗？很遗憾，那只是一时性的。水分蒸发时，肌肤屏障可能会遭受破坏，连角质层的细胞间脂质（主要成分为神经酰胺）也一并流失。这反而会加剧皮肤的干燥。面部或身体潮湿后，请立即用毛巾按压着将水分拭去。之后再用保湿霜等进行保湿，以防皮肤水分溜走。

皮肤被太阳晒过后，冒出了小疙瘩

25

过敏
紫外线
治疗

如果被太阳光照射到的部位发痒，出现红疹，那就有可能是"光过敏"。引起光过敏的原因分为外因和内因两大类。

外因性光过敏是由光敏物质（被光能激活的物质）引起的"光接触性皮炎"。柑橘类水果和芹菜等蔬菜中含有的补骨脂素、焦油化合物、染料、四环素、磺胺、酮洛芬等药物、防腐剂、荧光漂白剂直接在皮肤上或通过摄取进入皮肤，吸收光能，产生类似湿疹的症状或类似晒伤的症状。

内因性光过敏包括"多形性日光疹"和"日光性荨麻疹"。前者出现类似湿疹的症状，并伴有瘙痒。后者出现荨麻疹。光过敏也可能是由胶原病等疾病引发的，有时候需要进行全身检查。

基本的治疗方法是避免照射太阳光以及找到诱因物质后避免接触。针对症状，可以使用类固醇类外用药或服用抗过敏药。

26

过敏

为什么夏天戴首饰会让皮肤发痒

金属首饰在汗液的作用下开始溶解，就会出现"局部型金属过敏"①。这是一种皮肤吸收金属成分后引起的过敏，其特征是只有金属接触到的部位会变红、发痒。症状严重时，需要尽早去皮肤科治疗。易溶于汗的金属有镍、银、铜等。金很难溶解，但是粉金中掺杂了铜，所以需要注意。夏天，贴身佩戴的首饰最好选择串珠、玻璃或钛等难溶于汗液的材质。

27

治疗

成人也会患脓疱疮吗

脓疱疮又叫"传染性脓痂疹"，是由细菌引发的浅表皮肤感染性疾病，可分为大疱性和非大疱性脓疱疮两种类型。非大疱性脓疱疮常常由金黄色葡萄球菌引起，大疱性脓疱疮由金黄色葡萄球菌导致。通过接触传染，而且瞬间就能传染开来。抓挠痱子、蚊虫叮咬后的隆起、湿疹后形成的伤口被二次感染，就会发疹。夏天多发于儿童，但成人的肌肤屏障功能下降时，也容易感染，特应性皮炎患者或老年人也会患脓疱疮。如果在身上发现了可疑症状，请尽早去皮肤科检查。

注：① 金属过敏除了局部型金属过敏之外，还有由体内的金属（牙科金属材料、人造金属等）或食物作用引起的全身型金属过敏。金属过敏属于接触性皮炎的一种。

28

指甲
············
刺激
············
治疗

光疗美甲会让指甲生病吗

你是否经常做美甲呢？光疗美甲是在指甲上涂抹胶状树脂后，用 UV 或 LED 照射，使其快速凝固的美甲方法，能塑造甲型优美、晶莹通透的指甲，且持久度也很好，因此很受欢迎。但也有不少人因此出现了指甲问题，痛苦不已。

反映最多的问题是指甲受刺激后发生变形。涂在指甲上的凝胶凝固时收缩，导致指甲受到外力拉扯发生卷曲，出现断层。另外，为了让凝胶和指甲紧密贴合，在涂之前会打磨指甲表面，长此以往，指甲就会变薄，甚至还可能导致细菌感染或皮炎。绿脓杆菌进入剥落的光疗甲和指甲之间，或指甲和甲床之间后，会导致指甲变绿。为了防止光疗甲脱落，还会强行将软皮向里压，这些刺激会伤害到甲母，引起甲沟炎和甲下脓肿。一旦发生这种情况，一定要去皮肤科接受治疗，并在指甲恢复健康状态之前（3~6 个月），停止光疗美甲。

指甲的构造
·····························

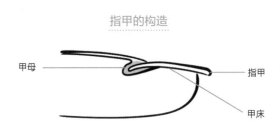

甲母　　　　　　　　　　　指甲

　　　　　　　　　　　　　甲床

29

指甲
保湿
刺激

指甲美丽与否取决于甲母

　　你的指甲是否很薄，或像波浪起伏般松动？甲母位于指甲根部，是制造指甲的部位。如果甲母营养不足，或受到强烈刺激，那么之后生长出来的指甲就会比较脆弱或发生变形，处于不健康的状态。为了保持指甲健康，应按照正确的方法，勤涂护手霜（参考 11 月 10 日的内容）。采用这种涂法可以将营养成分运输至甲母，同时还能达到按摩的效果。之后，最好再在指甲和甲母上涂抹润甲油，使其充分渗透。

30

饮食

食用青椒和甜椒，打造活力肌肤

　　6 至 9 月期间，应该多吃应季的黄绿色蔬菜——青椒。青椒中含有丰富的维生素 C 和 β - 胡萝卜素，能发挥抗氧化作用，还能促进胶原蛋白的生成，让肌肤充满弹力和张力。此外，青椒中还含有保护皮肤和黏膜健康的维生素 B_2 和激活皮肤细胞的钾元素。

　　甜椒中含有的营养成分和青椒差不多，但是含量比青椒多，β - 胡萝卜素含量是青椒的 3 倍左右，维生素 C 含量是青椒的约 2 倍。两种蔬菜的果肉都比较厚，所以不用担心加热后维生素 C 会流失。β - 胡萝卜素是脂溶性成分，建议用油烹调。

31

指甲
治疗

如何改善内嵌甲

指甲嵌入周围皮肤，引起炎症和疼痛，这种指甲就叫作内嵌甲。为了减轻这种疼痛，可以利用胶布的张力让皮肤脱离指甲。将黏着力很强的胶布贴在指甲嵌入的部位（皮肤），然后一边拉扯皮肤，一边呈螺旋状贴于肌肤（参考下方插图）。

如果这样还是不能减轻、治愈内嵌甲，那就去皮肤科吧。在皮肤科，医生会在患处涂抹类固醇软膏，同时用液氮将肉芽组织（修复伤口过程中形成的物质，以胶原纤维为主）冷冻，或用激光刀将其削除，使其变小。之后，再将指甲伸开到某种程度，用形状记忆合金制成的金属线将其两端串起来，或在指甲上紧贴一片金属板。利用金属恢复直线的力量，平缓指甲的弧度。嵌入能够得到改善的话，疼痛就会消失，几天后就很轻松了。

减轻内嵌甲疼痛的方法

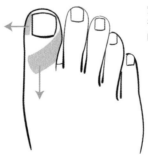

宽度为 2cm 左右、具有伸缩性且黏着力很强的胶布比较方便。

SEPTEMBER

9月

这个时候，夏天过后的疲惫差不多该显现出来了。
为了不引发皮肤问题，
请做好充分的保湿工作，修复肌肤屏障。
还要重新确认一下美白护理。
从此刻开始，尽自己所能，
保持白皙的皮肤，为迎接秋天做好准备。

秋天的花粉，原来近在眼前

有些人一开始以为自己是感冒了，结果却发现是花粉症。由此可见，秋天也会有导致花粉症的花粉在飘散。这些花粉主要来自豚草、艾草（都属于菊科）、葎草（桑科）、荨麻科植物，从 8 月开始增加，9 月达到顶峰，之后开始减少，直至 10 月。与春天的杉树花粉相比，秋天的花粉量较少，但是都来自相对近身的植物，因此会出现"一到某个地方，花粉症就加剧"的情况。担心的人，请尽量远离问题植物，并佩戴口罩、眼镜等，防止吸入花粉。

使用贴片式面膜，一定要注意时长

为了集中修复夏天过后略显疲态的皮肤，你是否喜欢敷贴片式面膜呢？贴片式面膜含有丰富的保湿成分，而且紧贴皮肤，有助于提高保湿成分的渗透力，因此很受人们的喜爱。但是，请一定要遵守说明书上规定的使用时间，不能因为觉得浪费，就延长敷面膜的时间。敷在皮肤上的贴片式面膜干燥后，会抢夺角质层中的水分，反而会加剧干燥。另外，角质层长时间处于湿润状态，也容易引发刺激性接触皮炎。因此，建议在规定的时间内揭下面膜，然后涂抹保湿霜，锁住水分。

身体
化妆品
清洗
保湿
刺激
粉刺

磨砂产品仅限用于手肘和膝盖

为了清除毛孔污垢，预防粉刺，你是否会在面部使用磨砂产品呢？含有细小颗粒的磨砂产品是一种通过摩擦去除角质的清洁产品。如果以一周一次的频率使用在角质层较厚的部位（手肘、膝盖等），不会产生任何问题。但是，不可以对面部使用。磨砂产品中的颗粒比毛孔大，不仅无法去除毛孔内的污垢，反而会伤害到皮肤。此外，也有研究表明，即使用了磨砂产品，粉刺也不会得到改善。对手肘或膝盖使用磨砂产品时也要使用保湿霜，因为使用后皮肤同样容易变得干燥。

饮食

从秋天开始，用温热蔬菜代替生蔬菜

生蔬菜会为身体降温。夏天的时候，生吃黄瓜等能为身体降温的应季蔬菜，不仅能够降暑，还有助于调理身体。但进入秋天后，随着气温的下降，身体也开始变凉。这时候，就需要吃温热的蔬菜。没时间烹调时，可以将蔬菜放在热水中快速焯一下，或用微波炉加热一下。然后配合自己喜欢的酱料、盐、调味汁等一起食用。也可以用西式浓汤或中式高汤的汤底煮汤喝，只要将蔬菜加进去就可以了，非常简便。

9
月

5

头发

紫外线

刺激

头发会变得毛糙吗

"毛糙""没有光泽""触感不对劲"……现在这个时候，头发也会展露夏天过后的疲惫。主要原因是紫外线。紫外线会带走头发表皮层表面一种叫作 MEA 的脂质，导致表皮层之间的连接变弱，表皮层向外卷曲，这也就是头发变得毛糙、没有光泽以及触感不好的原因。如果表皮层变得异常疼痛，那么每次洗头时，头发内部的蛋白质和脂质就会流失。这会让头发变得更加毛糙。再加上染发、烫发和使用卷发棒等的影响，头发遭受的损害之大超乎想象。

6

头发

清洗

擦干头发后再涂护发素

洗完头发后，你是不是会在湿淋淋的头发上涂护发素呢？将护发素涂到还在滴水的头发上，会导致护发素被稀释，或直接被水带走，导致效果减半。洗完头发后，应先用毛巾轻轻地拭去水分之后，再涂抹护发素。涂抹时，先在发梢附近涂抹，再用手将其梳理到所有部位。之后，如果时间充裕，可以用热毛巾将头发包裹住，静置3~5分钟后冲洗干净，这样会提高效果。冲洗时要细致，不要让护发素残留在头皮上。

7

精神

色斑

皱纹

松弛

什么是衰老情结

被邀请参加同学聚会的时候，你是否会因容颜衰老而不敢去呢？45 岁之后，人体的激素就容易开始失调，进而出现色斑、皱纹、松弛等肌肤问题。有些人因此渐渐对自己失去信心。像这样消极地接受岁月带来的相貌上的变化，并为此感到失落的心理就叫作"衰老情结"。再加上更年期综合征造成的失落，有些人甚至可能会得抑郁症。通过医疗手段解决皮肤烦恼，或通过化妆掩盖皮肤问题，可以帮你找回自信。

8

保湿

洗完澡后，先护肤再穿内衣

洗完澡后，先穿内衣，再吹干头发，最后再护肤，你是不是这么做的呢？洗完澡后，随着守护肌肤屏障的角质层细胞间脂质的流失，皮肤处于最容易干燥的状态。面部要在出浴后 5 分钟之内，身体要在出浴后 10 分钟之内进行保湿护理。虽然有报告称"30 分钟后涂抹，效果也差不多"，但这只是温度、湿度保持在一定条件时的实验结果。实际上，出浴后会使用吹风机，会进出空调房，甚至忙着忙着就忘了涂抹。考虑到这些，最好还是出浴后立即进行保湿，并建议使用保湿霜或乳液，将其放在脱衣服的地方，就不会忘记涂了。

9

过敏
饮食

什么是菊皮炎

　　日本自平安时代起，就开始使用菊花消灾减难、祈求长寿。工作中经常接触菊花的人容易得菊皮炎。多发于从事栽培、花店经营、园林业的人群，主要表现为红斑、丘疹等，并伴有瘙痒。症状出现之后，请去皮肤科就诊。菊科植物有菊花、洋芍药、蒲公英、艾草、豚草、向日葵、玛格丽特花、生菜、洋蓟、菊苣、甘菊等。有可能和菊科植物发生交叉过敏反应①的食物有哈密瓜、西瓜、黄瓜等瓜科植物以及香蕉等。

10

皮肤粗糙
保湿

皮肤粗糙，可能是因为夏天过后的疲劳引起的

　　进入 9 月后，如果皮肤或头皮的状态变差，比如不好上妆、皮肤干燥、长头皮屑等，请回忆一下3 个星期到 1 个月前，自己处于怎样的状态。是不是去度假了？是不是每天都为暑假前的考试、考核忙得焦头烂额？是不是因为炎热而无精打采？肌肤的新陈代谢需要 28 天左右的时间，夏天紫外线、高温、空调寒气等造成的伤害会在 9 月份反映在肌肤上。这时候，暂时只进行最基本的皮肤护理（涂抹保湿霜），并注意饮食和睡眠的质量。

注：① 如果对某种物质发生过敏反应，那么对和该物质拥有类似结构的物质也会发生过敏反应。

11

色斑
美白化妆品
紫外线

只在夏天使用美白化妆品吗

现在使用的美白化妆品要使用到什么时候呢？你是不是正在为此烦恼？美白产品不是只要在夏秋两季使用的化妆品。因为从长远来看，短时间的使用并不会发挥太大的效果。色斑是黑色素长年累积的产物，为了防止平日里黑色素的沉积，也为了几年后肌肤仍然靓丽光彩，至少在紫外线强度较大的3至9月期间，应持续使用美白产品。如果可以，最好一年四季都使用。每天的皮肤护理中，只需要使用一种美白产品就可以了，没必要配齐全套的美白产品。

12

色斑
美白化妆品
美白成分

选择含有哪种美白成分的护肤品更好呢

美白化妆品中含有多种多样的美白成分。那究竟哪一种比较好呢？其实，这并不能一概而论。化妆品中的基材和有效成分等都是经过精心调配的，比例非常均衡。挑选美白产品时，除了美白成分的种类外，还要考察分子结构、浓度、渗透力以及是否进行过安全性试验。使用感觉和价位也必须综合考虑进去。这样，你才能找到适合自己的产品。另外，美白产品中，有些含有准药品[①]成分，有些则没有，但并非准药品的效果就一定强。

9月

注：① 介于医药品和化妆品之间的制品。

13

色斑
美白成分

12种具有代表性的美白成分

　　让我们来确认一下美白化妆品中常用的 12 种美白成分及其特征吧。除此之外，医疗机构还会提供含有对苯二酚、视黄酸、露明斯肽等高效成分的美白处方药。

厚生劳动省[1]认可的 12 种美容成分

● AMP

　　一磷酸腺苷的缩写。通过促进肌肤新陈代谢，排出黑色素。

● 熊果素

　　由越橘科植物熊果叶中萃取出的成分。可以抑制酪氨酸酶的活性，进而阻碍黑色素的生成。

● 鞣花酸

　　从草莓类水果提取出来的成分。可以抑制酪氨酸酶的活性，进而阻碍黑色素的生成。

● 洋甘菊提取物

　　从洋甘菊中提取出来的成分。可以抑制内皮缩血管肽，阻止其发出生成黑色素的命令。

● 曲酸

　　来自曲霉的成分。可以抑制酪氨酸酶的活性，阻碍黑色素以及黑色素聚合物的生成。

注：① 日本负责医疗卫生和社会保障的主要部门。

● t-AMCHA

　　t- 环氨基酸衍生物。可以通过抑制角化细胞分泌的信息传递物质——前列腺素的合成，进而防止 黑色素细胞被激活。也可以通过抑制蛋白质分解酶——纤维蛋白溶酶，防止 黑色素细胞被激活。

● 氨甲环酸

　　原本是一种抗炎药，现在也应用在美白领域。具有抗前列腺素、抗纤维蛋白溶酶的作用。可防止 黑色素细胞被激活。

● 维生素 C 诱导体

　　磷酸维生素 C 等，让维生素 C 更容易被肌肤吸收的维生素 C 衍生物。可以抑制酪氨酸酶的活性，阻止黑色素生成。还可以还原深色氧化型黑色素。具有抗氧化作用。

● 胎盘素

　　从猪胎盘中提取的物质。可以抑制酪氨酸酶，阻止黑色素的生成。

● 4MSK

　　水杨酸诱导体，4- 甲氧基水杨酸钾盐的缩写。可以抑制酪氨酸酶的活性，阻止黑色素生成。并且通过促进肌肤新陈代谢，排出黑色素。

● 亚油酸

　　从红花油等植物油中提取出来的物质。可以抑制酪氨酸酶的活性，阻止黑色素生成。并且通过促进肌肤新陈代谢，排出黑色素。

● 鲁希诺

　　使用冷杉树中含有的成分制作而成。化学名是 4-n- 丁基间苯二酚。可以抑制酪氨酸酶和 TRP1，阻止黑色素的合成。

9月

14

色斑

你的色斑属于哪种类型

请对着镜子检查一下自己的脸，仔细观察脸上的色斑。色斑有黄褐斑、雀斑、炎症后色素沉着、光线性花瓣状色素斑、老年斑等。你的色斑是哪一种呢？其实自己很难判断，建议去皮肤科检查一下。为了对色斑采取有效的应对措施，最好还是去皮肤科检查一下。之后，再参考 9 月 16 日至 22 日的内容进行正确的护理。

去皮肤科确认色斑种类

色斑是体现在面部或身上的黑色素沉积现象。位于表皮层最下层，即基底层中的 黑色素细胞制造出黑色素，并传给周围的角化细胞，从而决定肤色。黑色素对人体起着很重要的作用，它可以保护细胞核免受紫外线的伤害。但是，当遭受各种各样的刺激时，肌肤会启动防御功能，导致 黑色素细胞变得异常活跃，生成过多的黑色素。这就是黑色素沉积，进而生成色斑的源头。通常情况下，黑色素会随着皮肤的新陈代谢排泄出去，但是如果生成的黑色素过多，或者代谢停滞，就会蓄积在表皮层中，最终形成色斑。这就是色斑产生的原理。

15

基础知识

什么是肌肤的衰老

今天，我们来谈一谈随着年龄增长而出现的肌肤衰老的症状。通过了解自己的肌肤正在经历哪些变化，进而预测肌肤的衰老症状，可以尽早采取防御措施。仔细观察一下自己祖父母的皮肤状态。他们的色斑、皱纹、松弛、暗沉等肌肤问题发展到什么程度了呢？此外，你也可以采访他们，了解他们的护肤及生活习惯。因为有很多症状会因勤于防晒、不吸烟等生活习惯而推迟出现。

16

色斑
紫外线
治疗

老年斑的自我护理

老年斑常见于额头、脸颊等容易被紫外线照射到的部位，是一种圆形色斑，颜色会逐渐变深。形成原因是紫外线照射导致生成过量黑色素。随着衰老，皮肤的新陈代谢会变得缓慢，导致原本应该排出去的黑色素在皮肤表皮沉积下来。老年斑无法通过自我护理治愈，我们要做好长期防护的准备，从现在开始，就必须做好防紫外线措施，同时使用美白化妆品进行肌肤护理，并积极摄取维生素 C、维生素 E。另外，可以选择去医疗机构接受治疗，可在短时间内淡化老年斑。

9
月

黄褐斑的自我护理

色斑
刺激
紫外线
治疗

　　黄褐斑多见于30~40岁之间的女性，表现为眼睛下方、脸颊、额头和嘴周等部位左右对称地逐渐出现色斑。更年期、服用避孕药期间、孕期、生产期容易出现，主要原因是雌性激素导致黑色素细胞活性增强。此外，紫外线、过度按摩、护理不当引起的摩擦等来自外部的物理性刺激也会导致黄褐斑恶化。

　　紫外线会导致黄褐斑恶化或复发，首先要采取万无一失的防紫外线措施，同时也要极力避免摩擦等刺激，努力阻止黑色素的生成和沉着。最好使用美白化妆品进行护理，但使用时要注意，欲速则不达，不要为了快速见效而用力搓揉、按摩皮肤。这么做可能会导致皮肤发炎，反而加深黄褐斑的颜色。在日常饮食中，应多食用含维生素C或E的食材和含大量抗氧化物质的食材（西红柿、莓果类、三文鱼等）。前者可以抑制黑色素的生成，并将其还原，后者可以排除活性氧。

老年斑　　　　　　　　　黄褐斑

18

色斑

紫外线

治疗

雀斑的自我护理

雀斑形成于五六岁前后，并于青春期显现出来。好发于鼻子、脸颊和眼睑部位，表现为星星点点的小色斑，颜色较浅。多数为遗传所致，夏天会在紫外线的影响下颜色加深。可通过防紫外线对策、美白化妆品以及积极摄取维生素 C、维生素 E 来自我护理。也可去美容皮肤科接受激光治疗，效果很好。

雀斑

19

饮食

多吃芋头，让皮肤细胞充满活力

芋头具有降热、消炎的作用，自古以来一直被用于民间疗法。最佳食用时间为 9 至 11 月。特别值得注意的是它的钾含量。在薯类作物中，芋头的钾含量是最高的。它有助于排出钠，让皮肤细胞充满活力，还能让血压保持稳定。芋头中还含有有助于保持皮肤、黏膜健康的生物素、维生素 B_2 和维生素 C。其独特的滑腻成分也有很多作用，比如让大脑保持活跃，加强肝脏功能等。烹调时，尽量不要过多地去除其滑腻感。

9
月

20

色斑
⋯⋯
刺激
⋯⋯
紫外线
⋯⋯
治疗
⋯⋯
粉刺

炎症后色素沉着的自我护理

炎症后色素沉着是指粉刺、过敏、蚊虫叮咬、烫伤等引发的炎症刺激皮肤，导致黑色素的生成、沉着，进而形成色斑的状态。多数情况都会在一两年内自然变浅、消失，但也不排除永不消失的可能性。

自我护理时，首先应小心预防这些炎症的发生，避免产生新粉刺、过敏或湿疹。如果没有得到改善，应尽快去皮肤科检查。趁炎症还没恶化到能引起色素沉着的程度之前进行治疗，这很重要。治疗炎症后色素沉着的过程中，初期治疗至关重要，主要依靠防紫外线对策和外用美白剂，同时也要配合摄取维生素C和维生素E。

但是，和黄褐斑一样，必须避免过度的自我护理。另外，即便已经生成了色斑，为了让它的颜色不再变深，同时应该积极地防紫外线。半年至一年后，如果色斑颜色仍然比较深，请咨询皮肤科医生，也可以考虑激光或光子嫩肤。

炎症后色素沉着

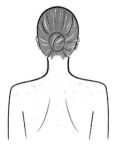

光线性花瓣状色素斑

21

色斑

紫外线

光线性花瓣状色素斑的自我护理

在享受海水浴时受到了强烈的紫外线照射，导致皮肤被严重晒伤，甚至开始起水泡。这时，皮肤就容易长一种花瓣状的小色斑，即光线性花瓣状色素斑。常见于胸部、肩部和后背上方。自我护理时，应采取万无一失的防晒措施，避免强烈的日晒。在沙滩上时，要穿紫外线防御力很强的防晒衣。特别是儿童和青少年，将来患皮肤癌的风险会增加，必须要比成年人更加注意。如果不小心被强烈的阳光晒到了，请参考 7 月 22 日的内容，尽快进行处理。

22

饮食

便秘

多食用红薯，改善便秘和皮肤粗糙

多食用应季的红薯吧。用 50~60℃的温度慢慢加热后，会更加甘甜。用微波炉快速加热，会减少其甜度，最佳的烹调方法是蒸或烤。众所周知，红薯中含有丰富的膳食纤维。不仅如此，它还富含维生素 B_1、维生素 B_6、维生素 C、维生素 E、矿物质（钾、铜、镁）等有利于美容的营养元素。通过改善肠道环境，为肌肤锁住水分，再加上抗氧化作用、预防色斑的作用和消除疲劳的作用，可以说红薯能从身体内部让肌肤散发光彩。红薯中含有的维生素 C 受淀粉的保护，即使加热也不会遭到破坏。

9
月

23

色斑
美白成分
治疗

皮肤科美白处方药——对苯二酚

皮肤科用以淡斑、祛斑的外用处方药中，比较具有代表性的是对苯二酚和视黄酸。对苯二酚具有极强的美白效果，甚至被誉为"皮肤的漂白剂"。它的效果据说是熊果素和曲酸的100倍。造成色斑的原因是黑色素，而对苯二酚能够降低合成黑色素的酪氨酸酶的活性，而且它还具有细胞毒性，可以用来对付黑色素细胞。由此可见，对苯二酚可以发挥强烈的美白效果，不仅能够淡斑，还能预防新色斑的生成。它对于黄褐斑、雀斑、炎症后色素沉着也很有效。使用对苯二酚的过程中，一部分人会出现过敏症状。这时，应该立即去医院就诊，并且用露明斯霜（Lumixyl）代替对苯二酚。另外，只使用对苯二酚的话，皮肤渗透率可能会显得不够，所以可以配合使用视黄酸或定期进行焕肤，提高渗透率，取得更好的效果。

普通化妆品和医生开具的处方药的区别

厚生劳动省认可的化妆品中，对苯二酚的浓度必须控制在2%左右。而要想发挥其显著的美白效果，对苯二酚的浓度需要达到5%左右。所以如果想要高浓度的对苯二酚，就必须拿到医生的处方。

24

色斑
美白成分
治疗
粉刺

皮肤科美白处方药——视黄酸

视黄酸是皮肤科另一种具有代表性的外用处方药，它是一种维生素 A 诱导体，也被称作"维生素 A 酸"。生理活性是视黄醇的 100~300 倍。用这种外用药来改善色斑、皱纹、粉刺时，必须接受医生的检查、治疗之后，由医生开具处方。视黄酸可以促进表皮层的新陈代谢，让其恢复正常，同时也能减少过剩的老化角质。除此之外，它还能消除毛囊部的过角化，抑制皮脂分泌，从而让粉刺难以滋生。另外，它还能增加表皮内透明质酸的分泌量，让皮肤保持水润光滑。通过激发纤维芽细胞的活性，促进胶原纤维的产生，从而改善细纹，让肌肤充满弹性，永葆青春。由于视黄酸的作用机制（药物对生物体的作用机制），涂抹部位的血液流通会得到改善，并发红、发热，进而脱落一层薄薄的角质层。因此必须调整其使用频率和范围。请务必仔细聆听医生的讲解，并定期接受检查。

9
月

抑制副作用的视黄酸

视黄酸的纳米胶囊"维生素 A 酸纳米蛋（NANOEGG）"[1]与传统的视黄酸相比，会减轻发红、发热等炎症反应，因此备受瞩目。即便只摄取少量，也能有效地到达目的地，即表皮细胞。

注：① 圣玛利亚医科大学难病治疗研究中心开发的产品。

25

基础知识

什么是表情肌

　　拉动面部肌肉，展现喜怒哀乐等各种表情的肌肉叫作表情肌。呈薄板状，分布于头部和整个面部的表层。这些肌肉会牵动面部、头部以及部分颈部的皮肤，让我们可以活动眉毛、眼睑，吃饭时活动嘴部。

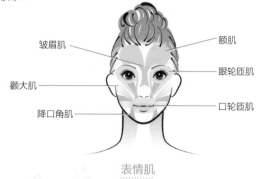

皱眉肌　　　　　　　　　　　　　　　额肌

　　　　　　　　　　　　　　　　　　　眼轮匝肌

颧大肌

　　　　　　　　　　　　　　　　　　　口轮匝肌

降口角肌

表情肌

26

皱纹

拉动表情肌会造成表情纹

　　表情肌在我们的日常交流中发挥着重要的作用，但是如果使用过度，面部会快速发生巨大的变化，因为表情肌造成的皱纹（表情纹）会随着年龄的增长而不断加深。比如，人拼命思考的时候会习惯性地皱眉，这时，眉间的皱纹会纵向靠拢。这是因为皱眉肌收缩时，会在它的垂直方向上形成皱纹，就像打了褶子一样。同理，在位于眼部周围的眼轮匝肌的垂直方向上形成的皱纹，就像鱼尾一样，而口轮匝肌带来的皱纹则和唇部轮廓相垂直（参考上方插图）。

如何阻止表情纹加深

表情肌造成的表情纹，年轻时会很快恢复，但如果经常反复做一些伸缩皮肤的表情，那么随着年龄的增长，就会一点一点地形成褶皱，成为永远无法消除的深纹。我们自己无法控制肌肉不动，最重要的是通过均衡的饮食、充足的睡眠以及充分的保湿来维持皮肤的柔软性，并让皮肤维持在健康的状态，以对抗肌肉的活动。同时，也不能对促进肌肤衰老的紫外线掉以轻心。如果实在是不想让皱纹加深，建议在 30~35 岁期间，去美容皮肤科注射肉毒杆菌。

表情肌需要锻炼吗

有些人为了预防肌肤松弛和皱纹，会锻炼表情肌。但是如果活动得太激烈，会伤害胶原纤维，反而导致皱纹和松弛，需要格外注意。另外，明显的法令纹主要有四种类型，即皮肤松弛型、骨头凹陷型、肌肉型和混合型。"肌肉型"是指因法令纹周边皮肤的肌肉比较发达而生成的长条线状法令纹。由此可见，最好还是避免锻炼表情肌。这种法令纹的特征是笑的时候法令纹深深地凹陷下去，而且即便仰面朝天，法令纹也不会比坐在椅子上时浅。

9月

29

皱纹

松弛

刺激

剧烈的面部肌肉按摩有效吗

皮肤和骨头之间存在一种叫作韧带的胶原纤维束，它的功能是将皮肤牢牢地固定在骨头上。因此，有韧带的部位不容易发生松弛。但是，如果经常对筋膜和肌肉进行剧烈的按摩，那么韧带也会松弛、伸长，最后导致肌肤松弛。面部按摩应以按压穴位为主，旨在改善血液循环。如果想要改善皱纹或松弛，请咨询美容皮肤科医生。

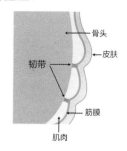

骨头

皮肤

韧带

筋膜

肌肉

30

身体

干燥

保湿

湿度下降时要注意全身保湿

9月末的时候，湿度会急剧下降。你有没有察觉身体变干燥了？很多人面部保湿做得很到位，但会忽视身体的保湿。每到这个时期，就会感觉身体莫名的干燥。特别是皮脂腺分布较少的部位（手腕、小腿等），开始变得粗糙。这种时候，如果放任不管，那么进入冬天后，可能还会起皮。因此，从今天起，开始强化身体保湿吧。请准备好保湿效果好的身体保湿霜，出浴后和早晨各涂1次，即一天要涂两次。

10月

OCTOBER

皮肤的状态是不是稳定下来了呢?
这个月,要勇敢面对自己的肌肤烦恼,
粉刺、皱纹、色斑、松弛……
有些问题,只要掌握相关知识,
就可以通过自我护理得到改善。
有些问题,则需要去医疗机构接受治疗。
难以区分时,请咨询皮肤科医生。

湿度50%时，就应该开加湿器了

今天的湿度是多少？大气中的湿度下降后，水分就会迅速从角质层蒸发。对皮肤而言，比较理想的湿度是 60%~65%。因此，进入 10 月后，通过湿度计或天气预报确认当天的湿度。如果降至 50% 以下了，就应该使用加湿器。如果没有加湿器，可以在房间中挂一条潮湿的浴巾，这也有助于增加湿度。浴巾干了之后，不要忘了重新将其淋湿。但是，如果过度加湿，湿度升至 75% 以上时，会造成霉菌大量繁殖，必须注意将湿度保持在上述理想范围之内。

生活环境
干燥
保湿

美容价值极高的小棠菜

多食用应季的小棠菜吧！小棠菜是黄绿色植物中营养价值非常高的一种蔬菜，包含了极具美容效果的维生素 A（β-胡萝卜素）、维生素 C、维生素 E。其中钙的含量是菠菜的两倍，还含有大量有助于预防贫血的铁。烹调时，因为叶子和根茎需要的火候不一样，需要将它切成两部分。小棠菜没有涩味，不需要事先用热水焯。用食用油烹调，会提高 β-胡萝卜素的吸收率，建议做成炒菜。和蒜末、培根一起翻炒，加入芝麻油和少许盐，一道美味的菜肴就完成了。

饮食

痣可以去掉吗

　　想要去除痣，只能依靠手术。医疗机构一般采用切除缝合手术或二氧化碳激光治疗。切除缝合手术的优点是可以一次性切得更深、更广，几乎不会复发，并且能够鉴别是否为恶性肿瘤。而二氧化碳激光治疗只是让病变部位气化，比起动刀的手术，伤口更为干净、漂亮，且术后处理也相对比较简单。这种方法也适用于睫毛之间或鼻孔等缝合容易导致变形的部位。痣和皮肤癌有时候很难区分，请务必先咨询一下皮肤科专家。

痣发疼该怎么办

　　痣是一种良性肿瘤，但如果伴随着疼痛、瘙痒、炎症、出血等症状，就需要怀疑是不是皮肤癌了。比如，当痣比过去更加隆起，或出现刺痛感，又或者是没有触碰就流血的时候，就有可能是恶性黑色素瘤，需要立即做手术治疗。据说，如果能在早期阶段将其完全摘除，就有希望根治。一旦发现"颜色、大小、形状变了"或"突然长出了新痣"等情况，特别是直径超过 5mm 的痣，需要重点观察。因为这个尺寸的痣如果是恶性黑色素瘤，有可能会发生转移。

10
月

干燥也是成人痘的诱因吗

5

你是否在为粉刺而烦恼呢？ 25 岁前后开始冒出来的成人痘和青春痘的产生原理是一样的。但是，青春痘的诱因是皮脂分泌过多，而成人痘的诱因则是干燥、压力、紫外线等因素导致角质变厚，进而让皮脂堵塞了毛孔。而且，不当的护肤和化妆方法引起的各种对肌肤的刺激也会让成人痘恶化。

也就是说，成人痘和肤质无关，可能出现在身体的任何一个部位。为了防止痘痘产生，应采取充足的保湿和防紫外线措施，保护皮肤，并且尽可能不要积累压力。另外，对皮肤温和的护肤和化妆方法也十分重要。

粉刺
┈┈┈
干燥
┈┈┈
保湿
┈┈┈
紫外线
┈┈┈
生活环境

粉刺产生的原理

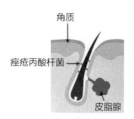

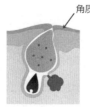

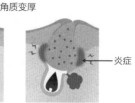

角质

痤疮丙酸杆菌

皮脂腺

角质变厚

炎症

角质变厚，导致皮脂和角质混合成的块状物堵塞毛孔。

痤疮丙酸杆菌以过剩的皮脂为食物增殖，引发炎症。

196

6

保湿霜
清洗
保湿
粉刺

保湿霜会让粉刺恶化是一派胡言

你是不是觉得给长了痘痘的皮肤涂抹高保湿的乳液或霜，会导致粉刺恶化？这就大错特错了。随着干燥的加剧，角质变厚，皮脂在毛孔中沉积，由此才滋生了粉刺。也就是说，做好保湿工作可以预防成人痘。但是，必须选择不会造成粉刺的化妆品。另外，霜类化妆品和皮脂被氧化后，会刺激角质层，早晨也必须洁面。

保湿霜

7

粉刺
刺激

摩擦刺激会让成人痘恶化

涂腮红的时候，你是否会用刷子来回刷很多遍，摩擦皮肤？轻拍化妆棉、摩擦皮肤式的洁面和按摩……这些摩擦刺激会导致毛孔入口处发生角化，诱发粉刺。容易在同一个地方长粉刺的人，尤其需要注意。你是否会习惯性地去碰触、摩擦那个部位？头发是不是经常碰到那个部位？是不是经常托腮？为了预防粉刺，必须要在生活的各个方面加以注意，比如贴身衣物或亚麻类物品应选用质量上乘的。这份用心才是预防粉刺的关键。

10月

重视支撑身体的骨骼和关节

8

基础知识
运动

今天，让我们来探讨一下如何维持骨骼和关节的健康吧。

首先，是关于骨骼。骨骼每天都在重复着吸收和再生的过程。但是，如果不给骨骼施加一定程度的物理负荷，它是不会生长的。因此，可以积极地开展一些适当振动的运动，比如弹跳。同时，也要均衡地摄取能够促进骨骼生长的钙、镁、磷以及促进其吸收的维生素 B_{12}、维生素 C、维生素 D、维生素 K 和叶酸等。尼古丁、酒精、咖啡因会阻碍钙的吸收，应加以控制。

接着是关于关节。关节会随着年龄的增长而不断退化，所以关键在于能将这种退化延迟多久。你可以采用慢速拉伸（参考 10 月 9 日的内容）的方法，舒展肌肉，提高其韧性。另外，体重太重会给关节造成负担，应注意维持适当体重。

9

运动

尝试慢速拉伸吧

洗完澡后，尝试慢速拉伸，慢慢地拉伸关节吧。这不仅会增加身体的柔软性，还能促进生长激素的分泌。每天坚持练习，还有助于打造易瘦体质。另外，跑步等运动前，也建议先拉伸。

慢速拉伸的方法

① 大幅分开双腿，腰往下沉，感受腿肚子和阿基里斯腱的拉伸，静止10秒。然后交换前后两腿，重复该动作。

② 双腿开立，幅度比肩略宽。将肩膀向前伸至双膝中间，感受臀部和大腿的拉伸，静止10秒。然后换另一侧肩膀，重复该动作。

③ 保持一条腿伸直，上身保持挺直，腰往下沉，感受小腿肚的拉伸，静止10秒。然后换另一条腿，重复该动作。

④ 保持一条腿伸直，握住另一条腿的脚踝，顺时针转动10次，再逆时针转动10次。然后交换双腿，重复该动作。

⑤ 双腿开立，与肩同宽。双手在背后交握，缓慢向上伸展，静止10秒。

⑥ 双腿开立，与肩同宽。双手置于腰间，顺时针缓慢扭动腰部10次。然后再反方向扭动10次。

10月

眼周失去弹力后该怎么办

10

皱纹
- - - - -
眼周
- - - - -
保湿
- - - - -
刺激

眼周的皮肤失去弹力后，会生成细纹，如果放任不管，就会转为皱纹。为了预防眼角产生皱纹，请坚持进行维持皮肤弹力的护理。

首先，最重要的是不给肌肤施加物理性刺激。其他部位的皮肤厚度是 2mm 左右，但眼睛下方的皮肤只有 0.5~0.6mm，非常单薄纤细，而且没有皮脂腺，这部分皮肤容易发生刺激性接触皮炎（参考2 月 26 日的内容）。反复发炎，会导致细纹和暗沉加深。总而言之，不摩擦这部分皮肤是重中之重。卸妆时用卸妆棉或手指大力地摩擦、画眼线时使劲地划动眼线笔、画眼影或打腮红时用刷子反复刷……所谓积少成多，这些细小的行为长期累积之后也会造成很大的刺激。

另外，建议化眼妆之前先用粉底打底，这样肌肤就多了一层屏障。为了提高皮肤的抗刺激能力，可以在眼周涂抹高保湿的霜，增强肌肤屏障功能。另外，长时间使用电脑或智能手机时，会造成用眼过度，引起肌肉疲劳。这也会造成肌肤失去弹力，最好养成定时让眼睛休息的习惯。

11

粉刺
治疗

保守型粉刺治疗

如果担心粉刺发炎，可以尽早去皮肤科治疗。造成成人痘的原因不一定只有一个，有可能比较复杂，最好还是让医生诊察一下，并尽早开始治疗，以防留下痘印。粉刺的治疗分为两类，一类是比较保守的，一类是比较激进的。保守型治疗又可大致分为三种。

① 挤压面疱

在粉刺上开一个小口，将其中堆积的皮脂和老化角质挤压出来的治疗方式。治疗时，使用一种叫作面疱挤压器的工具。这种治疗方式的优点是能快速治疗粉刺，且不容易复发。需要注意的是，如果自己动手挤压，可能会混入杂菌，或伤害到皮肤，致使其恶化。所以请不要自己挤压。

② 外用药

一般使用具有角质剥离作用的达芙文™凝胶（阿达帕林）、Bepio™凝胶（过氧化苯甲酰）、Duac™复合凝胶（过氧化苯甲酰和抗生素的复合物）和抗生素类外用药。阿达帕林和过氧化苯甲酰作用于白头、黑头以及微小面疱，可以改善堵塞。粉刺引起炎症时，医生会开抗生素类外用药。

③ 内服药

粉刺引起的炎症严重时，医生会开抗生素类内服药，也会配合具有调节皮质分泌量、保持皮肤和黏膜健康功能的维生素剂。

10
月

12

粉刺
治疗

激进型粉刺、痘痕治疗

比较激进的粉刺治疗主要是指医疗焕肤。通过温和地溶解毛孔入口处的堵塞物质，不仅可以预防粉刺恶化、加速治疗，还能预防新生粉刺。另外，在痘痕的色素沉着方面，医疗焕肤有助于推进新陈代谢，排出过剩黑色素，从而改善肤色不均的问题。医疗焕肤之后，皮肤角质重生为健康的角质，让皮肤干燥问题得到改善，同时也让粉刺难以滋生。除此之外，激光治疗、光子嫩肤和注射治疗等也能够提高粉刺的治疗效果。如果配合使用，还能改善比较难治疗的下凹型痘痕。

13

治疗

什么是医疗焕肤

在皮肤上涂抹化学药品（酸），溶解极小一部分皮肤，也就是我们常说的"刷酸"。医疗焕肤就是利用这种现象的治疗方法。使用的药剂主要有乙醇酸、乳酸、苹果酸等 α - 羟基酸（**AHA**）以及以水杨酸为代表的 β - 羟基酸（**BHA**）等。使用药剂的种类、浓度、手术时间不同，发挥的效果也不尽相同，要根据皮肤种类和状态，选择最适合的方法。除了面部之外，背部、胳膊、臀部、胸部等身体部位也可以施行医疗焕肤。根据皮肤的状态，医生也会使用高浓度、高酸度的药剂，让你享受到更有效且安全、安心的治疗。

医疗焕肤对哪些皮肤问题有效

治疗

粉刺

色斑

皱纹

日本皮肤科学会发行的《医疗焕肤指导书》（修订第 3 版）中，建议"粉刺""色斑""细纹"这三种皮肤问题可选择医疗焕肤来治疗。无论是哪种，都要使用乙醇酸和水杨酸（聚乙二醇）。

最常用的乙醇酸医疗焕肤带来的具体效果如下：

● 松弛角质细胞间的结合，促进新陈代谢，改善色斑、暗沉。

● 角质层的神经酰胺含量增加，生成大量的透明质酸，提高肌肤的锁水能力。

● 抑制黑色素细胞生成黑色素。

● 通过去除堵塞在毛孔中的皮脂以及改善粗大毛孔入口处的过角化来收缩毛孔，从而抑制活动性粉刺，改善相对较新的痘痕。

● 促进生成胶原纤维、弹力纤维等真皮层的成分，重建表皮层下面的真皮层，从而让肌肤恢复弹性。

10
月

15

皱纹
治疗

注射肉毒杆菌，改善表情纹

风靡一时的美剧《欲望都市》中，萨曼莎有句台词"和男人不同，肉毒杆菌不会背叛自己"，正好体现了这种治疗的特征。

肉毒杆菌注射是将 A 型肉毒毒素注射入表情肌层，通过抑制其收缩来治疗表情纹的方法。欧美人表情比较丰富，在 20~25 岁期间，皱纹就会开始显现。也许正是因为这个原因，在美国的美容医疗中，肉毒杆菌注射已经连续 20 年蝉联人气第一的宝座了。

人们往往认为注射肉毒杆菌只能暂时抑制表情纹的生成。但实际上，它还可以预防表情纹的加深。因为注射肉毒杆菌后，皱纹出现的次数就会减少，即不会再加深。可以说这种治疗法是对将来的一项投资。有一个同卵双胞胎的例子。妹妹在 13 年间，定期注射肉毒杆菌，而姐姐只注射了两次。两者相比，姐姐呈现了很明显的肌肤衰老症状。视力差，很早就出现眉间皱纹的人，请尽早开始注射肉毒杆菌，如果可以，建议在 25 岁就开始。但遗憾的是，对于已经成形的深纹，肉毒杆菌能做到的只是让它不太明显，不能完全将其消除。这种情况，需要配合透明质酸等其他治疗方法。另外，孕期、哺乳期的女性，或者当天身体状况不好的人，可能无法注射肉毒杆菌，请事先咨询医生。

16

汗液
治疗

肉毒杆菌还能抑制汗液

　　肉毒杆菌注射作为表情纹的治疗手段而享有很高的名气，但殊不知，它还经常用来治疗腋下出汗以及微笑时暴露过多的上颌前牙唇侧牙龈的"露龈笑"。

　　治疗腋下出汗时，需用细针将肉毒杆菌注射入腋下的皮肤中。通过抑制神经末梢释放乙酰胆碱，减少小汗腺分泌的汗液量，也可以达到减轻狐臭的效果。治疗时间为 10 分钟左右。在外用麻醉药的效力下，最多也就感觉到一点刺痛，对日常生活、工作几乎没有任何影响。大约一周后，效果就开始显现，而且可持续半年左右。

17

牙龈
治疗

肉毒杆菌还能治疗"露龈笑"

　　治疗微笑时暴露过多的上颌前牙唇侧牙龈的"露龈笑"时，需将肉毒杆菌注射入控制上唇上提的提上唇肌群，通过放松这部分肌肉，使牙龈难以露出来。只需要用极细的针分别在脸颊的两个地方注射微量，几乎不会引起疼痛、肿胀等问题而影响到日常生活。效果会逐渐显现，大约两周后开始稳定。之后，效果又会渐渐消失，需要每半年追加注射一次。在反复注射的过程中，微笑时的习惯会有所改善，效果的持续时间也会随之延长。这种治疗能让人对自己的笑容恢复自信，因此广受欢迎。

10
月

18

饮食

皮肤越脆弱，越要吃核桃

维生素 E 不仅具有很好的抗氧化作用，还能改善肤色暗沉、雀斑等问题。所以富含维生素 E 的核桃，是一种可以有效防止肌肤衰老的食材。果仁的 68% 由优质脂质构成，其中包括保护肌肤屏障功能所必需的脂肪酸——亚油酸和能减少过敏、炎症发生概率的 ω-3 脂肪酸。除此之外，核桃中还含有激活皮肤细胞的钾、维持皮肤和黏膜健康的维生素 B_2，所以它也是一种含有超高美容价值的食材。最佳食用时间是 10 至 12 月。除了直接食用外，也可以加到沙拉中做成菜。

19

松弛
眼周
治疗

上眼睑开始下垂该怎么办

"最近，眼珠好像变小了""视力好像变弱了"，你是否有过这样的感觉呢？如果有，可能是眼睑下垂了。眼睑下垂是指上眼睑往下垂的现象，是随着年龄的增长，将眼睑向上提拉的韧带开始变弱造成的。严重的时候，最好接受手术治疗。如果还处于初期阶段，可以利用激光、高周波、超音波等，紧致眼周、额头的皮肤及筋膜。这种方法无须手术即可恢复。自我护理虽然无法达到完美的预防效果，但帮助肌肤维持弹力的护理的确是唯一的预防方法。

20

治疗

美容皮肤科和皮肤科的区别

在日本，皮肤科治疗皮肤病，而美容皮肤科是皮肤科中专攻美容的部门，除了治疗皮肤病之外，还提供改善皮肤的治疗方案，让患者的皮肤状态比以前更好。皮肤科提供的治疗基本都是社保范围内的治疗。而以美容为目的的诊察、治疗，其费用由诊所而定。美容皮肤科的医生通过自由搭配最新疗法，发挥最大的效果。但是，医生的经验以及讲解花费的时间不同，产生的效果和满意度也不尽相同。在美容皮肤科接受诊疗前，请事先通过网页、咨询电话等确认诊疗方针和价格。

21

治疗

如何挑选美容皮肤科医生

挑选美容皮肤科医生时，最好选择拥有至少五六年治疗经验且取得皮肤科专科医师资格证的医生。要想成为专科医生，必须先成为日本皮肤科学会的正式会员，并接受为期5年的皮肤科专科医生培训，再通过专科医师资格考试。除此之外，也要确认医生有没有在写论文。写论文需要阅读大量的文献，可以用它来判断该医生是否在持续学习新知识。另外，将患者的幸福放在首位，坚决不进行多余治疗的医生才值得信任。挑选医生时，不仅要考察其为人，还要确认其经验、履历等。

美容皮肤科常见的仪器有哪些

美容皮肤科使用的美容仪器大致可分为以下五种。根据患者的要求和症状，医生有时候只使用一种，有时候也会选取几种、搭配使用，或与注射治疗等其他治疗形式配合使用。

● 激光治疗：利用激光进行的治疗。激光可以将能量集中在很小的面积范围内。常被用于色斑、痣、斑点等的治疗。仪器主要有二氧化碳激光器、翠绿宝石激光器、YAG 激光器、红宝石激光器等。

● 光子嫩肤：将强脉冲光（IPL）等特殊光照射到肌肤上的治疗。可以逐步改善色斑、暗沉、粉刺、面部泛红等问题。通过平面照射，温和地提升皮肤整体状态。

● 高周波治疗：利用高周波（RF）热能的治疗法。从皮肤深层到皮下组织、脂肪层，都能受到热刺激。常用于瘦身、去皱纹、改善肌肤松弛等。仪器有 SMAS 筋膜提升仪、塑美极等。

● 超声波治疗：利用超声波热能的治疗法。通过收缩 SMAS 筋膜，提高胶原蛋白的密度，从而在治疗肌肤松弛方面发挥强大的效果。仪器有 Ulthera 超声刀等。

● 近红外线治疗：利用近红外长波的治疗法。通过加热真皮层中的水分，使胶原蛋白收缩，或生成新的胶原蛋白。仪器有 TITAN 治疗仪。

23

生活习惯

什么是"智能手机脸"

现在这个时代，几乎人手一部智能手机。那你知道什么是"智能手机脸"吗？操作智能手机时，驼着背、低着头、看着手机屏，久而久之，会导致面部松弛。这种脸就是"智能手机脸"。长时间保持低头的姿势，会导致面部皮肤在重力作用下下垂，从而加剧面部松弛和双下巴。同时，背部肌肉也会衰退，骨骼发生弯曲，进而加速身体整体的松弛。看手机时，请抬起头，将手机抬至与视线持平处。如此一来，就能同时使用到面部、颈部、背部以及腹部的肌肉。预防松弛，要从改变习惯和每天小小的努力开始。

10
月

为了美肤，"蔬菜优先"

用餐的时候，你一般先吃什么菜呢？先吃蔬菜，即"蔬菜优先"是打造靓丽肌肤的基本。因为蔬菜可以减缓血糖值的上升，从而降低糖化风险。尽量避免糖化，不仅是减肥的关键，对美肤也十分重要。因为体内发生糖化后，会引起皮肤松弛、僵硬（参考1月6日的内容）等问题。一天摄取的蔬菜量应以 300~500g 为标准。将洋葱丝、蒜末这些能马上用于菜肴的常备菜储存在冰箱，会比较方便。

吃烤肉从腌牛舌开始

吃烤肉时，建议从沙拉、韩式拌菜等蔬菜开始，然后再吃肉。肉类的话，从腌牛舌开始。腌牛舌不仅糖类少，还含有大量可以维持皮肤健康、促进脂肪代谢的维生素 B_1、维生素 B_2。如果先吃糖类含量很高的肉类，比如浸了很多调味汁的五花肉，血糖值会急速上升，糖类也更容易转化为脂肪。而且如果糖类和胶原纤维等蛋白质相结合，就会发生变性（糖化），造成肤色暗沉（参考1月6日的内容）。吃完腌牛舌后，请一边控制含有很多糖类的调味汁以及主食，一边吃喜欢的食物。

疣有哪些种类

你是否为疣烦恼万分？疣是人与人之间相互感染的皮肤病，是由人类乳头状瘤病毒（HPV）引发的。据说现在 HPV 有超过 150 种不同的种类。感染的 HPV 种类不同，人体会产生寻常疣、扁平疣等不同的疣。一旦感染疣，请立即去皮肤科就诊，不可放任不管。

具有代表性的疣的种类

● **寻常疣**

皮肤科医生所说的狭义上的"疣"就是这种类型。好发于手脚，表现为豌豆大小的隆起性结节，表面粗糙。指甲周边容易长倒刺，被 HPV 病毒侵入后，就容易生成疣。脚底的疣因体重的关系不怎么隆起，而是会深深地陷入脚底。

● **扁平疣**

平滑、表面平坦的褐色疣。好发于面部、手背、小腿（膝盖脚踝之间的部分）。常见于青年期的女性。

● **尖锐湿疣**

通过性行为或类似行为感染，好发于肛门周围、外阴部、口腔内。

● **传染性软疣**

不是由 HPV 病毒引起，是由传染性软疣病毒感染引起的一种传染病。

27

疣

治疗

疣的治疗方法有哪些

一般采用冷冻疗法治疗疣。难治愈的疣也可采用碳酸气体激光、挖除法、戊二醛等外用疗法、接触性免疫疗法、内服薏米等。液氮冷冻疗法是比较常用的疗法，需要以 1~2 周进行 1 次的频率反复施行，伴随着强烈的疼痛。碳酸气体激光疗法只针对病变部位进行气化，治疗周期短，伤口干净、漂亮，是动刀做手术后形成的伤口无法比拟的。

28

疣

敏感肌肤

疣会传染吗

造成疣的原因是病毒，它隐藏着传染的可能性。但是，皮肤和黏膜被解剖学构造、免疫功能等各类屏障保护着，很难传染给健康的皮肤和黏膜。只有当皮肤和黏膜受伤时，或免疫力因某种原因下降时，才容易感染疣，而且难以治愈。患特应性皮炎或肌肤屏障能力下降时，需要特别注意。病毒会从手部皲裂、倒刺等小伤口侵入人体，容易长疣的人，一定要做好手脚的保湿工作。

29

疖
⋯⋯⋯⋯
治疗
⋯⋯⋯⋯

脸上长了很多疣该怎么办

"脸上长了很多疣状的东西",这时候,有可能是得了扁平疣。这是由人类乳头状瘤病毒（HPV）感染导致的良性肿瘤。好发于年轻女性的面部和手部,没有自觉症状。表现为淡橘色或褐色的小隆起,大小为 2~5mm 左右。用剃刀将其剃除后,可能会引发科布内氏现象,即因为外伤或紫外线照射等刺激引起的皮疹,所以禁止使用剃刀。有些会突然发红、发痒,随后症状又迅速消失。但是,有些也很难治愈。如果十分介意,请去皮肤科就诊。可以通过内服薏米提取物或接受碳酸气体激光手术等方法治疗。

30

治疗
⋯⋯⋯⋯
眼周
⋯⋯⋯⋯

眼睛周围的白色颗粒,可能是粟丘疹

眼周、脸颊和额头等部位冒出来的白色小颗粒可能是粟丘疹,起源于表皮层或附属器上皮的良性肿物或潴留性囊肿,位于真皮层毛囊中的堆积角质等物质使其扩张成为囊肿。据说它是毛囊、皮脂腺、汗腺等因皮炎或伤口受到伤害后,在治愈过程中产生的物质。因为是良性肿瘤,所以放任不管也没关系。如果担心,就去咨询皮肤科医生。处理措施非常简单,进行局部麻醉后,用针或碳酸气体激光在囊肿上开一个小洞,将其挤出即可。

双脚因出汗和角质散发异味

31

汗液
异味
清洗

这个时期，特别是穿靴子的时候，在需要脱鞋的场合，比如进入别人家里时，你是否会担心自己的脚散发出异味呢？

和其他部位不同，脚上有造成异味的物质。那就是角质。脚底的角质和汗液被细菌分解后产生一种叫作缬草酸的有味成分，这也就是制造出令人讨厌的味道的罪魁祸首。在意异味的人，应注意不闷脚、不在脚上留污垢、不积攒过多的角质。为此，建议采取以下措施。

预防脚臭的方法

● 尽可能穿透气性好的鞋子。

● 穿了一天的鞋子内会有湿气，如果可以，最好避免连续穿某一双，并将穿过的鞋子放在玄关干燥。

● 穿袜子，出汗多时，更换袜子。

● 洗脚时，脚趾间也不能放过，要充分清洗，充分擦干。

● 脚底的角质较厚时，用锉刀（去角质专用的脚锉）向着一个方向温柔地滑动，轻轻搓去角质。之后再进行保湿。角质容易堆积的人，可以出浴后在脚上涂抹具有软化角质作用的含尿素的霜。

NOVEMBER

干燥、寒冷的季节到来了。
肌肤过冬，主要靠保湿、加强血液循环、
尽可能避免刺激。
外出时戴好手套和帽子，
多运动，注意电热毯的使用方法……
用一点点的努力，
让寒冬不那么可怕。

容易干燥的皮肤，需要神经酰胺

1

干燥
敏感肌肤
保湿
化妆品

你是否因皮肤干燥而伤透了脑筋呢？这个季节，无论多努力皮肤都会干燥的人，建议将正在使用的保湿霜换成含神经酰胺的保湿霜，或在日常护理中添加含神经酰胺的美容油。神经酰胺是保湿力度最强的保湿成分，是细胞间脂质的代表，具有大力夹住水分，并将其牢牢锁住的特性。特应性皮炎患者的神经酰胺含量仅为普通人的三分之一，他们尤其需要补充神经酰胺，改善肌肤的屏障功能。特应性体质的人，即使没有患特应性皮炎，最好也使用含神经酰胺的化妆品。它还有助于改善特应性体质儿童的皮肤干燥问题。如果采取这些对策后，皮肤仍然干燥，那么除了保湿护理以外，可能还存在别的问题，请咨询皮肤科医生。

化妆品中含有的神经酰胺的名称

化妆品成分一览表中的"生物神经酰胺""脑苷脂""马鞘脂"都是来自动物的天然神经酰胺。"神经酰胺1""神经酰胺2"等是利用酵母制造出来的类神经酰胺。除此之外，还有利用米糠制造出来的植物性神经酰胺和利用石油原料制造出来的合成神经酰胺。它们属于神经酰胺，功能几乎是一样的，无论选择哪种都可以。

2

保湿
………
刺激

泡温泉后要冲洗、涂保湿霜

你有没有泡过温泉呢？是不是觉得被称为"美容温泉"的温泉非常吸引人？

大部分"美容温泉"都呈碱性，含有大量的小苏打、钠离子、碳酸氢离子，具有软化角质层中蛋白质的作用。出浴后感觉皮肤光滑，就是这些成分的功劳。

但是需要注意的是，温泉中有些成分可能会刺激皮肤。比如具有脱脂作用的硫磺泉，就尤其需要注意。古时候，在还没有药物的时代，硫磺泉可以帮助干燥皮肤上的溃烂。也就是说，它具有让皮肤干燥的功能。如果一天内多次入浴，而且出浴后既不冲洗，也不涂保湿霜，皮肤就会变得十分干燥。另外，小苏打泉（碳酸氢盐泉）具有溶解皮脂的作用。出浴后，皮肤滑溜溜的，你可能觉得变干净了，其实那只是皮脂被溶化了而已。如果出浴后不冲洗，不涂保湿霜，皮肤还是会变干燥。无论你泡哪种温泉，都应准备好保湿霜，出浴后，先冲洗一遍，再在面部和身上涂抹足量的保湿霜。

食用温州蜜橘，预防骨质疏松症

温州蜜橘含有丰富的 β - 隐黄素，具有预防骨质疏松症的效果。同时，橘子中还含有丰富的维生素 C 和柠檬酸，有助于消除疲劳，预防感冒，并保持肌肤弹力。但是，橘子中含有的补骨脂素能够提高肌肤对紫外线的感受性，应避免在白天食用，可以将其作为晚餐后的甜点。

3

饮食
紫外线

清洁头皮后，还是有很多头皮屑

头皮屑止不住的时候，可能是得了脂溢性皮肤炎。这是皮脂分泌旺盛的人容易得的皮肤病，不是因为不干净引起的，而是正常菌群之一的马拉色菌（真菌）增加，刺激皮肤引起的。为了改善症状，建议使用市场上有售的含有可以抵抗马拉色菌成分的洗发水。但是，如果头皮发红，就应去皮肤科让医生开类固醇类外用药。同时，也请积极摄取能够调节皮脂分泌和角化的维生素 B_2 和维生素 B_6。

4

头发
清洗
治疗

5

干燥
嘴唇
保湿
刺激
生活环境

嘴唇干燥，久久不得缓解

嘴唇干吗？对付嘴唇干燥，有两个基本方法，即不舔嘴唇和涂润唇膏。如果采取了这两个办法之后，嘴唇依旧起皮，且超过1周没得到缓解，那么就有可能是得了唇炎[①]，需要去皮肤科治疗。唇部皮肤较薄，吸收性好，只需要每天涂抹效果较弱的类固醇软膏，几天后症状应该就会大幅减轻。但是，即使暂时治好了，到了冬天，还是会复发。每天都对唇部进行保湿，不让水分溜走。容易干燥的时期，口红和唇彩可能也会刺激唇部，在涂抹之前，可以先在整个唇部涂抹一层润唇膏。涂抹足量的润唇膏或凡士林后，建议用保鲜膜将其包裹起来。另外，也要注意睡眠过程中的干燥问题。可以在睡前涂抹足量的润唇膏，如果当天房间的湿度不足50%，还需要使用加湿器或在房间里挂一块浴巾。千万不要强行将皮撕扯掉。

涂润唇膏的时候，发"i"的音

涂润唇膏时，嘴应该呈现什么形状呢？是发拼音"u"时的形状吗？如果是发"u"，那么无论怎么涂，褶皱之间都无法涂到。所以，涂润唇膏时，应发"i"的音，让嘴唇上的竖向皱纹充分伸展开来之后，再涂。

11
月

注：① 发生在唇部的湿疹、皮肤炎。

寒冷的日子，外出时要戴帽子

 6

冷风嗖嗖的时候，为了保护头皮和头发，一定要戴好帽子。冬天的空气又冷又干，会让头皮中的血管收缩，阻碍血液流通，影响头发的再生。头皮干燥还会导致头皮屑增多，很多女性都为这个问题所扰。

头发
干燥
保湿
刺激

帽子建议选择羊毛、摇粒绒等保温性好的材质。但是皮肤脆弱的人应选择不会感觉扎人的材质。虽然不会像夏天那样出很多汗，但是如果头发一直闷在帽子中的话，头皮的正常菌群就会变得很活跃，氧化皮脂，进而刺激头皮。因此，在室内时，应摘掉帽子，能洗的也要定期清洗。

除此之外，为了保护皮肤，对抗冷空气，还应戴手套、围围巾，并且使用暖宝宝或腹带让身体的中心（腰附近）保持暖和。这样才能更有效地对抗寒冷。

为什么会起鸡皮疙瘩

立冬一般在每年的 11 月 7 日前后。按照农历的说法，立冬后就代表冬天正式开始了。感到寒冷时，或害怕时，汗毛就会竖起来，其周边的毛孔（毛孔入口）也会稍稍隆起，这就是所谓的"鸡皮疙瘩"。毛囊的结缔组织鞘和真皮上层之间存在一种肌肉，叫作"立毛肌"。寒冷或恐怖突然来袭时，交感神经会做出反应，刺激立毛肌，从而导致立毛肌收缩，让汗毛竖起来。汗毛竖起来之后，毛和毛之间的空气形成断热层，让身体保持温暖。

电热毯会造成皮肤干燥吗

这个季节，钻进电热毯里，享受暖烘烘的感觉，十分惬意。但是，一不注意，皮肤就会变得干燥。如果电热毯的温度设置得很高，那么被窝里的湿度就会下降，热气也会闷在里边，导致皮肤容易干燥。因此应该将温度设置得低一些，也要注意使用时间不要太久。长时间使用电热毯时，产生的热量会夺走皮肤的水分，让皮肤变得干燥。如要睡觉时使用，请将温度设置在低档，这样还可以降低低温烫伤的风险。

9

烫伤

注意低温烫伤

"将一次性的暖宝宝放在屁股上的口袋里，坐下来看比赛，结果被烫伤了……"这就是低温烫伤，是皮肤长时间接触温度稍高于体温（44~50℃）的物体时造成的烫伤。

天气变冷时，低温烫伤的患者就会增加。容易造成低温烫伤的物体有暖手宝、暖脚宝、电热毯、一次性暖宝宝等。因此，使用暖手宝或暖脚宝时，请在睡前将其放入被窝，等被窝暖和了，再在睡前将其拿出来。电热毯要避免直接接触皮肤，可以将它放在床单和床褥之间。一次性暖宝宝要避免长时间接触同一个部位，粘贴部位不要用护具或塑身衣压迫。另外，如果是粘贴型的暖宝宝，请将它贴在略厚的衣服上。即便这样，还是被低温烫伤时，请立即去皮肤科。因为皮肤深层部分可能也受到了损伤，容易发展为重症，需要多加注意。

护手霜怎么涂才有效

过了今天，全国的平均气温就会降至 10℃ 左右，皮肤干燥、手部粗糙的情况会越来越多。因此，让我们来确认下护手霜的涂抹方法吧。手指之间、指甲周围、手腕这些部位你都涂到了吗？掌握下面的正确涂法后，就能将护手霜均匀地涂至所有细节部位。

护手霜的涂抹方法

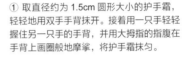

① 取直径约为 1.5cm 圆形大小的护手霜，轻轻地用双手手背抹开。接着用一只手轻轻握住另一只手的手背，并用大拇指的指腹在手背上画圈圈般地摩挲，将护手霜抹匀。

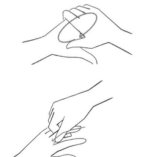

② 用一只手的食指和大拇指夹住另一只手的手指两侧，从指尖摩挲到根部。

③ 用一只手的大拇指和食指夹住另一只手的手指，再用大拇指的指腹一边画圈一边从根部摩挲到指尖，将护手霜抹匀。

④ 用一只手的大拇指指腹画圈圈般地摩挲另一只手的整个手掌，将护手霜抹匀。接着，再摩挲整个手腕部位，将护手霜抹匀。按照相同的步骤，为另一只手涂抹护手霜。

11
月

11

饮食

韭菜中富含的β-胡萝卜素让肌肤充满活力

　　韭菜的最佳食用时间是 11 月至次年 3 月。可以加在火锅里吃，可以和别的食材一起炒着吃，只要在烹调的菜肴中加入少许，就可以帮助我们打造靓丽肌肤。韭菜中含有丰富的 β- 胡萝卜素，而 β- 胡萝卜素可以保持皮肤和黏膜健康，还具有很好的抗氧化作用。除此之外，韭菜中还含有细胞代谢所必需的钾、维持皮肤和黏膜正常的维生素 B_2、改善肠内环境的膳食纤维、参与骨骼形成的钙和镁。韭菜的独特香味是由烯丙基硫醚带来的。它具有很强的抗菌作用，还有除去活性氧的抗氧化作用，可防止肌肤生锈。此外，它还可以促进维生素 B_2 的吸收，因此对促进代谢、消除疲劳、提升体力都很有帮助。

12

烫伤
治疗

处理烫伤，关键要及时

　　今天来谈一谈常见的皮肤问题——烫伤。被熨斗或烹饪时溅出来的油烫到后，应立即用水冷却。先用自来水冲 10 分钟左右，使其冷却，然后尽快去皮肤科或整形科检查。如果起了水泡，请不要自己将其戳破，要让医生治疗。如果是爆炸等引起的呼吸道烧伤、大面积烧伤、面部、手脚、外阴部的烧伤等重症，请立即叫救护车。

13

守护美手的五大原则

检查一下你的手！是不是因为干燥而粗糙、没有光泽呢？

为了守护美手，请遵守以下五条原则。

基本的手部护理

① 手湿了之后，立即将水擦掉

手湿了之后，如果放任不管，水蒸发时就会把角质层中的水分一起带走，造成干燥。手湿了之后，必须立即用毛巾擦干。

② 尽量不湿手

手潮湿的次数越多，肌肤屏障功能就越弱，要避免过度洗手。另外，洗碗、打扫卫生时不可避免地要使用水，这时请戴好橡胶手套。

③ 有必要时才用香皂洗手

使用洗手皂、洗手液等洗手时，手上的油分会随之一起流失，进一步导致干燥。平时用清水洗手就足够了。

④ 厨房、卧室、包包中常备护手霜

每天都要涂护手霜，而且，勤快地补涂也非常重要。至少要在厨房、卧室和经常携带的包包中常备护手霜，以便感觉干燥时能立即涂抹。

⑤ 涂防晒产品

紫外线会助长色斑和皱纹，容易受到阳光照射的手也需要涂抹防晒霜。特别是骑自行车或开车的人，他们的手会长时间暴露在紫外线下，必须涂抹防晒产品，或戴具有防紫外线效果的手套。

11
月

14

面部泛红
治疗

为什么会面部泛红

有些人从寒冷的室外进入室内时，脸颊会变红。有些人情绪出现波动时，会突然脸红。这些都是面部泛红的表现，是由毛细血管扩张引起的反应。通常情况下，皮肤表面是看不到毛细血管的，但是因为某种原因，毛细血管扩大、增多，血液在这些部位堵塞，停滞不前，从而导致血管呈现红丝状，皮肤整体呈现红色[①]。

造成面部泛红的主要原因除了皮肤薄等体质原因外，还有温差、酒精、香辛料的过度摄取、紫外线等外部原因。另外，女性在绝经前后容易恶化，而且多数伴有偏头疼症状，由此可见，控制血管扩张收缩的血管运动神经的异常也是一个原因。特别是在寒冷的地方，冷暖温差很大，导致血管频繁地扩张收缩，在这个过程中，收缩力逐渐减弱，最终导致毛细血管一直处于扩张的状态。

针对这些诱因，可以采取一些对策来改善面部泛红现象。比如，为了缓和进入室内时的温差，天气寒冷时，要戴着帽子、围巾出门；要控制酒精和香辛料的摄取量；也要注意防紫外线。特别在意的人可以去皮肤科接受激光治疗，通过破坏过剩的毛细血管，改善泛红症状。

注：① 除此之外，粉刺、脂溢性湿疹等皮炎引发的炎症也会让脸呈现红色。

为什么"发冷"对肌肤不好

15

发冷

寒风凛冽的这个时期,你是否感觉全身发冷?人体为了保护大脑和内脏,会通过自律神经进行调整,保证身体中心部位的温度不低于 35℃。因此,当感觉寒冷时,为了不让体温逃走,全身的血管都会收缩,进而阻碍血液流通。露出来的手脚和皮肤是最容易暴露在寒气中、最容易发冷的部位。制造健康细胞所需要的营养成分,都是通过血液流通搬运的。而现在,血液流通受到了阻碍,如果身体继续发冷,肌肤的细胞就可能会营养失调。代谢下降,细胞功能下降,接着浮肿、黑眼圈、皮肤干燥等问题就会相继出现。

压力也会加剧发冷

16

发冷
压力

身体发冷不仅是因为外部温度的下降,长时间在空调房中、运动不足、饮食不规律、不泡澡、抽烟等生活习惯也会导致身体发冷。另外,女性中最常见的是由压力导致的发冷。一有压力,交感神经就会占据主导地位,导致血管收缩,而且还会促进蛋白质的分解,导致制造热量的肌肉得不到足够的蛋白质,从而进一步加剧发冷。如果感觉身体发冷,就要想办法让身体暖和起来,可以多摄取蛋白质,采取适合自己的解压手段,每天坚持锻炼,比如慢速拉伸(参考 10 月 9 日的内容)等。

治理暗沉要对症下药

检查自己的肤色暗沉属于哪种类型。也可能同时混合了多种类型，所以要注意。

暗沉
保湿
紫外线
刺激
生活环境

肤色暗沉的主要类型及对策

● **干燥型暗沉**：由干燥引起的暗沉。注意充分保湿。

● **汗毛浓密型暗沉**：汗毛浓密，导致看上去比较暗沉。可以用剃刀剃除汗毛，或进行激光脱毛。

● **污垢型暗沉**：老化角质堆积引起的暗沉。使用具有焕肤效果的化妆品去除多余角质。也可以去皮肤科接受医疗焕肤，效果更有保证。

● **化妆品等引起的油脂氧化**：持续使用放置了很久的化妆品，引发刺激性皮炎和炎症后色素沉着。停止使用放置了很久的化妆品。

● **糖化引起的黄色暗沉、咖啡色暗沉**：体内的糖类和胶原纤维等蛋白质结合，发生变性，从而引起暗沉。应调整糖类过多的饮食生活。

● **黑色素暗沉**：在受到日晒、炎症等的伤害后，肌肤内部生成大量黑色素，而这些黑色素又无法顺利排出去，从而引起暗沉。可以使用含有美白成分的化妆品进行预防，也可以去皮肤科接受治疗（效果更好的美白处方药、激光照射等）。

● **血液循环不畅引起的青色暗沉**：由血液循环不畅引起的暗沉。建议按摩。平日里要养成有助于血液循环的生活习惯，比如健身、不让身体受冷等。

唇部暗沉该怎么办

"最近，总感觉口红不太显色""唇色很暗，看上去血色不太好"，这可能是唇部暗沉造成的。唇部暗沉的原因大致可分为四个。请找到自己的暗沉属于哪一种，并采取相应的对策。

暗沉
唇部
紫外线
刺激
生活环境

唇部暗沉的原因及对策

● **血液循环不畅引起的**：唇部皮肤较薄，所以很容易看清血流的状态。如果血液循环顺畅，就会偏红，如果不畅，就会偏紫。可以通过改善血液循环，来消除暗沉。如果患有缺铁性贫血，则需要内服铁元素。

● **色素沉着引起的**：紫外线刺激、口红色素的残留、过敏导致的炎症等，都可能引起色素沉着，进而让皮肤看上去偏黑。如有抽烟习惯，香烟里的焦油色素也可能会在皮肤上沉着，引起暗沉。所以可以涂抹具有防紫外线效果的唇膏，并且注意不要摩擦嘴唇、不要撕扯唇皮、不要让嘴唇干燥，戒烟也很重要。

● **糖化引起的**：摄取过多的糖类后，就会引起黄色暗沉、咖啡色暗沉。为了抑制引起暗沉的 AGEs（晚期糖基化终末产物），应调整糖类过多的饮食生活（参考 1 月 6 日的内容）。

● **疾病或药物引起的**：虽然很稀少，但有一些疾病或药物会在嘴唇等部位生成色素沉着。如果十分介意，可以咨询皮肤科医生。

疲劳带来的黑眼圈种类

19

黑眼圈
眼周

眼睛下方黑色暗沉的部位叫作黑眼圈，分为咖啡色黑眼圈、青色黑眼圈和松弛型黑眼圈。对付黑眼圈，应对症下药。但大多数情况下，这几种会同时出现。

诊断黑眼圈

请轻轻地将眼睛下方的皮肤向下拉。

● 咖啡色黑眼圈：咖啡色会稍稍变浅。

● 青色黑眼圈：青色不会变浅。

● 松弛型黑眼圈：皮肤伸展性很好，黑影变淡。

针对咖啡色黑眼圈，要用美白产品

20

黑眼圈
眼周
紫外线
刺激
化妆

有色斑或色素沉着的皮肤如果呈现咖啡色，那么黑眼圈也会呈现咖啡色。其形成原因是紫外线、眼妆刺激、卸妆产品摩擦等引起的炎症和色素沉着。建议使用美白化妆品进行护理，或在皮肤科接受使用美白剂的治疗。要想预防咖啡色黑眼圈，必须采取万无一失的防紫外线措施，同时也要保护皮肤免受摩擦等刺激。

用化妆品遮盖咖啡色黑眼圈时，建议使用黄色系的遮瑕膏，并且要选择容易推开的类型。使用时，轻轻地点在皮肤上，再轻轻地推匀。注意不要摩擦皮肤。

21

黑眼圈
眼周
生活环境
化妆

针对青色黑眼圈，要促进血液循环

下眼睑的皮肤比较薄，能透出静脉血的颜色，所以黑眼圈呈现青色。在睡眠不足、压力、体寒、年龄增长等因素的影响下，这种类型的黑眼圈会越发明显。暂时性的症状可以通过睡眠或按摩来改善。但是，如果是年龄增长导致皮肤变薄，进而加剧症状，那就只能通过加强胶原蛋白密度的医疗照射等方法来治疗。用化妆品遮盖青色黑眼圈时，要选择容易推开的橙色系遮瑕膏。使用时，轻轻地点在皮肤上，再轻轻地推匀。注意不要摩擦皮肤。

预防青色黑眼圈的穴位按摩

用中指向着骨骼的方向慢慢按压眼周的穴位。

用中指向着骨骼的方向慢慢按压太阳穴、咀嚼肌上方、耳朵下方、发际等部位。最后用拇指和食指夹住胸锁乳突筋，从上往下推揉。

11
月

22

松弛
⋯⋯⋯
眼周
⋯⋯⋯
保湿
⋯⋯⋯
紫外线
⋯⋯⋯
治疗

针对松弛型黑眼圈，要做好保湿和抗氧化

　　用手指稍微下拉眼睛下方的皮肤后，如果黑眼圈消失，那就是"松弛型黑眼圈"。随着年龄增长和光老化，胶原纤维和弹力纤维开始退化，导致肌肤松弛，从而引起松弛型黑眼圈。如果透明质酸或皮下脂肪量减少，造成凹陷，生成黑影，那么黑眼圈就会变得更加明显。另外，脸颊变瘦，支撑脸颊的组织松弛后，会形成泪沟纹。为了阻止肌肤变得越来越松弛，请做好充分的保湿工作，采取完善的防紫外线对策和抗氧化对策。如果想让松弛型黑眼圈变得不明显，建议选择医疗照射治疗和透明质酸注射治疗，前者可以紧致松弛的肌肤，后者可以填充凹陷。

23

浮肿
⋯⋯⋯
运动

做肩胛骨操，预防浮肿

　　请检查一下面部浮肿！如果想要消减面部的浮肿，就必须从全身的血液流通下手，而非局限于面部。为此，建议做肩胛骨操（参考 11 月 24 日的内容）。活动肩胛骨，舒缓周边肌肉，可以改善血液流通。之后，再按压咀嚼肌上方的穴位，并夹住胸锁乳突筋，从上往下推揉。这样就能缓解颈部僵硬、肩膀僵硬，让身体轻松、舒畅。

做完肩胛骨操后，用食指向着骨骼的方向按压咀嚼肌的上方，再夹住胸锁乳突筋，从上往下推揉。

24

做肩胛骨操，还能有效改善头发稀疏

　　促进血液循环对美肤和美发都非常重要，开始做肩胛骨操吧。耗时很短，可以利用工作或学习的间隙，每天都做，最好上午和下午各一次。特别是正在为浮肿或头发稀疏烦恼不已的人，一定要做。照着下图运动完后，再轻轻地转动肩膀，就结束了。时间充裕的话，可按压咀嚼肌上方的穴位，并夹住胸锁乳突筋从上往下推揉（参考11月23日的内容）。

肩胛骨操的做法

① 保持双手交握的姿势，将双臂抬至头顶上方。

② 继续保持双手交握的姿势，将双臂向身前伸展。

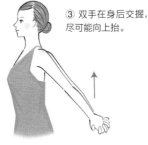

③ 双手在身后交握，尽可能向上抬。

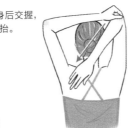

④ 双手上举，弯曲其中一只手，将手掌置于后背。再用另一只手握住其手肘，并向着指尖的方向按压。换一只手重复。

小腿皮肤很粗糙

身体
干燥
清洗
保湿

　　你的小腿是不是很粗糙？这个部位皮脂分泌少，容易干燥，等注意到的时候，可能已经开始起皮了。像这种因为皮肤表面的脂质（皮脂和细胞间脂质）减少而导致皮肤水分蒸发，引起的干燥叫作皮脂缺乏症（又称干皮症）。如果恶化，皮肤就会皲裂、发红，并变得异常瘙痒，这时候就需要治疗了。这种疾病常见于老年人，但有些女性25岁之后，就会开始出现这种症状。干燥后，请每天涂抹含有肝素类似物等保湿成分的保湿霜。也要避免用香皂使劲擦拭，避免用高温的水洗澡，因为这样会破坏肌肤的屏障功能。

担心皮肤干燥，每天只泡澡5分钟

身体
干燥
保湿

　　天气变冷之后，每天泡澡的时间是否变长了呢？泡澡时间一长，皮脂、细胞间脂质（主要成分是神经酰胺）就容易流失。担心皮肤干燥的人，应泡温水澡（冬天40~41℃，夏天39~40℃），而且要将时间控制在5分钟左右。这个时期，容易接触到空气的手，经常会发生皲裂。但即使这样，泡澡时间也必须控制在5分钟以内。为了改善干燥症状，泡澡时可以使用润肤油或含神经酰胺的入浴剂，并养成出浴后立即保湿的习惯。

27

身体
....
瘙痒
....
保湿
....
刺激

胸部发痒时该怎么办

这个时期，不少女性会因为乳头到乳晕周边的区域发痒，而将其抓破。当伤口开始出水时，如果置之不理，或继续抓挠，就可能导致皮肤结构发生变化，皮肤变得粗糙，黑头可能也无法消失。趁这些症状没有出现之前，尽快去皮肤科检查吧。很多时候瘙痒是由皮肤干燥引起的，平日里，出浴后就应该立即涂抹身体乳，为胸部保湿。特应性体质的人更容易感到痒，更容易出现湿疹，尤其需要注意。

28

运动

通过无氧运动和有氧运动，让身体张弛有度

从现在开始，为春天努力塑造体形吧！有一个方法不仅能塑造体形，还能改善肌肤状态。那就是无氧运动和有氧运动相结合的锻炼法。无氧运动有助于提升代谢，打造不畏寒冷且不易发胖的体质。生长激素的分泌也能促进皮肤的再生。而有氧运动（游泳、上下楼梯、慢跑、健身单车等）具有促进循环、燃烧脂肪的效果。无氧运动之后稍做休息，再进行有氧运动，可以提高脂肪的燃烧效率。另外，多摄取蛋白质，控制糖类摄入也很重要。

29

饮食

利用牛蒡的食物纤维净化肠道

牛蒡中含有丰富的食物纤维,既有不溶性的(纤维素、木质素等),又有水溶性的(菊粉)。不仅能有效缓解便秘,还可以改善肠道环境,从而有望让肌肤变得水润。另外,牛蒡的涩味也不容错过,它含有具有抗氧化作用的多酚。除此之外,牛蒡中还含有制造肌肤构成要素时不可或缺的矿物质(钙、镁、铁、锌、铜)。最佳食用时间为11月至次年1月和4至5月。烹调前,去涩味时要快速。因为浸在水中的时间长了,会导致多酚流失。可以切成薄片或丝,做成猪肉酱汤或胡萝卜丝炒牛蒡丝,也适合涮火锅。

30

饮食

蘑菇是减肥美容必备食材

食用应季的蘑菇吧!菌类食物肉厚且热量低,含有丰富的维生素、矿物质等,营养十分均衡。其中,金针菇含有丰富的B族维生素,特别是有助于保持皮肤、黏膜健康正常的维生素 B_2。还含有膳食纤维和铁。具有促进碳水化合物代谢的功能。另外,真姬菇则含有大量构成皮肤的蛋白质、促进吸收钙的维生素 D、促进脂肪和能量代谢的维生素 B_1 和 B_2 以及细胞新陈代谢时需要的钾等,是非常受女性喜爱的食材。

12月

DECEMBER

奔波于工作和各种节日的腊月，
请摄取足够的营养，严格管理身体，
防止皮肤粗糙。
天气愈加寒冷，
请充分利用暖宝宝等，做好万全的保暖措施。
最后，祝你明年依旧美丽动人。

身体
保湿
紫外线

前胸是面部的反光板

你是否会护理前胸？就是从脖子到胸口的区域。通透白皙的前胸，就像反光板一样，可以把面部衬托得更为明亮、美丽，增加美感。如果将它藏起来，就有点浪费了。每天护肤的时候，请在前胸也涂上保湿霜和防晒产品，留住它的美。出去约会的时候，参加派对的时候，甚至平日里，多穿大领口的衣服。30 岁左右开始逐渐增多的软垂疣（参考 12 月 14 日的内容）会毁了美丽的前胸，一旦发现，请尽早去美容皮肤科进行治疗。

化妆
刺激

粘假睫毛时，要注意睫毛胶

很多聚会、年会等活动都集中在 12 月，为了让自己显得比平时更光彩照人，这时候应该有不少女性会使用假睫毛吧。粘假睫毛时，要注意睫毛胶。睫毛胶的成分和工作时使用的胶水相似，因此它对皮肤的刺激肯定不小。为了防止多余的睫毛胶进入眼睛，必须避免蘸取过多睫毛胶，而且在假睫毛上涂好睫毛胶后，应放置二十秒左右，等它稍干之后再贴到眼皮上。卸假睫毛时，应该用蘸了卸妆产品的棉棒弄湿睫毛根部，然后再慢慢地撕下来，这样就不会对皮肤造成太大的伤害了。

3

饮食
治疗
营养

什么是"大蒜针"

"大蒜针"的主要成分是 B 族维生素（维生素 B_1、维生素 B_2 等）和糖原。其中，维生素 B_1 会散发大蒜味，因此被称为"大蒜针"。注射一次，就会有相当于 50 颗大蒜那么多的维生素 B_1 进入血管。维生素 B_1 跟随血液行至全身，燃烧堆积的乳酸，达到减轻疲劳的效果。另外，注射大蒜针还有助于促进血液循环，提高新陈代谢，发挥排毒效果，将残余的疲劳物质排出体外。维生素 B_1 可以分解酒精，大蒜针还能缓解宿醉。B 族维生素在维持肌肤美丽和健康方面，也是非常重要的营养元素。因此，大蒜针可谓是美肤、美体的利器。

4

脚
手

脚痒就是脚气吗

又到穿靴子的季节了。每当这时，脚臭和脚气就开始困扰人们。脚气是由白癣菌这种真菌寄生在皮肤角质层引发的感染症。白癣菌以角蛋白（蛋白质）为营养，也会感染到手和身体其他部位。温度高、湿度大的地方有益于细菌的繁殖，容易闷热的脚部和臀部最容易感染。但是，有些皮肤病（汗疱性湿疹、皮肤念珠菌病等）也会表现和脚气相似的症状，自己很难判断。如果担心，请去皮肤科接受真菌检查。只要取少许水泡或薄皮，放在显微镜下查看即可，非常简单。

12
月

如何预防脚气

一旦患上脚气，就很难治愈。为了不把白癣菌传到脚上，请注意以下几点。

脚
·····
清洗

● 每天至少洗 1 次脚（白癣菌只有长时间附着才会传染）。
● 在家中，避免共用拖鞋和浴室防滑垫。
● 不要连续穿同一双鞋子（穿了一天的鞋子会有很多湿气，容易滋生细菌）。
● 容易出脚汗的人，要穿透气性好的鞋子，或穿吸湿性好的木棉或棉麻材质的袜子。

指甲发白，可能是得了灰指甲

指甲发白变厚，有可能是白癣菌侵入指甲造成的灰指甲（甲癣）。如果放任不管，指甲变厚，颜色变浑浊、变形等症状会愈发严重，最后导致步行或穿尖头鞋时脚都会疼。另外，灰指甲本身就是个细菌库，有可能传染给其他指甲，甚至传染给家人。为了自己的脚部健康，也为了不传染给其他人，一定要尽早接受治疗。针对灰指甲，皮肤科医生主要采用内服抗真菌药的治疗方法。因为宿疾等原因不能服用药物时，建议接受激光治疗，杀死灰指甲中的细菌。

脚
·····
手
·····
指甲

7

治疗
刺激

用维生素E治疗冻疮

　　已然到了二十四节气之一的"大雪"。严寒时期，靴子中的脚发痒，有些人以为是得了脚气，结果发现是冻疮。

　　冻疮是低温下血液循环变差导致的炎症。常见于容易接触到冷空气的手指、脚趾、耳垂、鼻尖和脸颊等部位。初期表现为发炎部分红肿、瘙痒。那要如何预防呢？在特别寒冷的时候，可以使用耳套、手套、袜子等来保温。但是，如果造成压迫，血液循环会变差，要选择宽松舒适的类型。另外，潮湿的手脚变干时，温度会急剧降低，这时就可能会生成冻疮，手脚弄湿后，应立即擦干。鞋子湿了，也应立即换鞋。

　　近来，有很多经常穿尖头鞋或高跟鞋的女性长了冻疮。如果想要预防冻疮，严寒时期，就应该避免穿会挤压到脚的鞋子。

　　另外，每年都会长冻疮的人，请在秋末时开始服用维生素 E，因为维生素具有促进血液循环的作用。

12
月

食用小松菜补钙

8

饮食

每年的 12 到次年的 2 月是小松菜的最佳食用时间，所以在此期间，多吃小松菜吧！小松菜是一种营养价值很高的黄绿色蔬菜，含有丰富的 β- 胡萝卜素，可以在体内转化成维生素 A，起到保持皮肤和黏膜滋润的作用。而且，钙的含量是菠菜的 3.5 倍。除此之外，小松菜中还含有皮肤细胞代谢所必需的钾、维生素 B₂、维生素 C 以及铁元素。它基本没有涩味，所以不需要事先用水焯，可以直接用来炒菜。同维生素 D 含量丰富的干香菇一起食用，可以增加钙的吸收率。

皮肤火辣辣的疼痛，可能是带状疱疹

9

治疗

背部、胸部、面部、头部单侧感觉到火辣辣的疼痛，之后如果出现红疹和水疱，可能就是患了带状疱疹。病因据说是儿童时期爆发的水痘，造成水痘的病毒在水痘治愈后仍然潜伏在体内的神经节上。当体力、免疫力下降时，就会出现带状疱疹的症状。治疗主要靠内服抗疱疹病毒的药，同时通过打点滴来抑制造成带状疱疹的病毒的增殖，缓解疼痛。最近，也可以通过打疫苗来预防。30 岁以后，每 10 年注射一次疫苗，可以让患病概率降低一半，发作后的神经痛减轻到原来的三分之一。

烫伤
刺激

注意手机的低温烫伤

你是否会一边给手机充电，一边刷手机？或者习惯在睡觉的时候给手机充电？笔者就遇到过睡眠期间碰触充电中的手机而造成严重低温烫伤的案例。充电中的手机有时候会变得非常烫。虽然很多制造商表示，手机温度到达 40℃ 左右的时候，会自动开启安全装置。但在某个实验中，手机上升到了 58℃。尽量不要在床头充电，睡觉时也不要将手机放在可触碰范围内。万一被烫伤，出现红肿、水疱、溃疡等症状时，请尽早去皮肤科就诊。

饮食
营养

蔬菜摄取量不足时可以喝青汁

蔬菜摄取量不足时，建议饮用富含黄绿色蔬菜的青汁。青汁含有维生素类、膳食纤维、钙、矿物质等容易缺乏的营养元素。味道是能否坚持喝下去的决定性因素，试饮各种产品，然后选择你最喜欢的口味。

推荐用豆浆冲泡青汁，做成青汁豆浆后饮用。这样就可以同时摄取具有抗氧化作用的大豆异黄酮了。如果觉得加点水后更好喝，可以减少豆浆的量，加水冲泡。

12
月

哪些食物容易引起皮肤瘙痒

瘙痒
饮食

引起瘙痒的是一种叫作组胺的物质。它存在于真皮层中的肥大细胞，受到刺激后会被分泌出来刺激神经，从而引起瘙痒。会引起瘙痒的食物有以下几种。除了下列那些食物外，酒精类、香辛料、滚烫的菜、重口味的菜等也会因促使了血管扩张而引起瘙痒。干燥皮肤、特应性体质、荨麻疹体质的人，应适度摄取这些食物。另外，抓挠皮肤会导致肌肤失去屏障功能，加剧干燥，如果用力抓挠还可能会引起炎症。

引起瘙痒的食物

● 富含组胺、胆碱的食物

〔鱼贝类〕花蛤、凤尾鱼、墨鱼、沙丁鱼、虾、蟹、鲽鱼、三文鱼、青花鱼、秋刀鱼、鲈鱼、章鱼、鳕鱼、金枪鱼、罐头鱼

〔肉类〕猪肉、萨拉米（欧式腌制腊肠）

〔谷类〕荞麦

〔蔬菜类〕芋头、竹笋、松茸、西红柿、菠菜、茄子

〔酒类〕葡萄酒、啤酒

● 具有组胺游离作用的食物

鱼贝类、蛋白、草莓、西红柿、巧克力

13

疣
治疗

手上的色斑有可能是疣

去医院检查手部色斑的人中，超过一半被诊断为老年斑（脂溢性角化病），而非色斑。其特征是呈淡褐色、黑色等各种颜色，稍微隆起，表面凹凸粗糙，可见于全身。一般认为是由遗传基因或紫外线引起的，但它也是岁月导致的肌肤衰老现象之一。随着时间的流逝，会渐渐变大、隆起，甚至可以长到直径 2~3cm 的大小。在意的人可以去咨询皮肤科医生。一般采用液氮冷冻疗法，但这种疗法容易留下色斑，二氧化碳激光疗法更合适。

14

疣
治疗
刺激

脖子上出现的咖啡色小疣是什么

如果颈部或前胸出现了小疣状的东西，那可能是"软垂疣"。软垂疣是皮肤的一种良性肿瘤，又名软纤维瘤。早的话，三十岁左右就会开始出现，并随着年龄的增长而渐渐增多。是皮肤的摩擦等原因造成的，也被认为是肌肤衰老现象之一。颜色有淡橙色、褐色和黑色，浓度不一，有深有浅。尺寸大小不一，有些只是凸起一点点，有些则凸成疣状。常见于面部、颈部和前胸。腋下和比基尼线上也经常可以看到，它可以出现在身体任何一个部位。请定期仔细检查一下自己的身体。

12
月

软垂疣可以去掉吗

软垂疣一旦增多，美丽的颈部线条就被毁了，不但显老，还会勾住项链。它很难通过自我护理治疗，只能去皮肤科接受治疗。主流做法是用碳酸气体激光，或者使用手术剪将其去除。碳酸气体激光只将隆起的部分气化，再把皮肤表面削磨至非常浅的程度。伤口很浅，就像擦伤一样，基本不会留下疤痕。液氮冷冻疗法虽然也可以，但是可能会引发炎症而导致色素沉着（色斑），从审美角度出发的话，不予推荐。

治疗

乳头发黑该怎么办

16

乳头发黑是很多女性都有的烦恼。可能是因为自古以来就有"乳头越黑，代表性经验越丰富"的说法吧。乳头中，导致皮肤变黑的黑色素活性本来就高，光摩擦就容易让它发黑。发育期，乳头的色调会变深，其程度由个人体质决定，跟性经验没有丝毫关系。

身体
刺激

另外，孕期女性特有的生理现象之一，便是黑色素活性增强，这也可能导致乳头变成深咖啡色。产后，颜色还会恢复。乳头的炎症也可能导致其发黑，如果有瘙痒症状，请去皮肤科检查。

消除肌肤疲劳，就靠饮食和睡眠

你是否有饮酒过量（参考1月16日的内容）、睡眠不足（参考5月6日的内容）等问题呢？年末的时候，大家会变得非常忙碌。每当这时，"妆容不服帖""长粉刺了""嘴唇干燥无法得到改善"等皮肤问题就会增加。这时候，你应该先反省一下自己的生活习惯。保湿霜中含有的保湿成分只能到达角质层，无法从根本上解决问题。为了促进肌肤细胞的新陈代谢，最重要的是保持规律的生活、保证充足的睡眠以及营养均衡的饮食。这才是制造健康肌肤的关键。连着参加好几场年底活动之后，如果感觉累了，就早点回家，好好休息。

采用高浓度维生素C点滴，给自己"充电"

一些承受着高强度压力的人喜欢采用高浓度维生素C点滴，即在约三十分钟之内，将维生素含量是内服剂50倍的点滴注射入静脉内的疗法。因为是直接注入血液中，可以促进胶原纤维增殖，抑制黑色素生成，从而发挥预防色斑和松弛以及美白的效果。另外，维生素C还有很强的抗氧化作用，可以加速消除全身的倦怠感和疲劳，预防"肌肤生锈"，改善粉刺问题。这种疗法还可以加强淋巴球的功能，增强免疫力，预防感冒等病毒性感染症。在日本，能进行这种治疗的只有皮肤科。

19

药
....
保湿

把药也放在化妆包中

外出时携带的化妆包中，除了口红、粉底等化妆品外，也把下列这些物品放进去吧。

● **防晒产品**：午休时、补妆时，请务必补涂。

● **保湿霜**：察觉到肌肤干燥的时候使用。

● **类固醇软膏**：烫伤、被蚊虫叮咬、过敏、汗液过敏时可以使用。

● **创可贴**：受伤流血或脚被鞋子磨破时使用，很有效。

● **解热镇痛药**：缓解突发性疼痛时使用。

● **抗过敏药（口服液）**：过敏体质的人要携带，出现荨麻疹等时可使用。

20

基础知识
....
紫外线

40岁开始，必须强化抗氧化对策

过了40岁，体内具有抗氧化作用的酶的活性就会开始下降。也就是说，身体消灭生成的活性氧的能力会减弱，色斑、皱纹、松弛将更容易形成。因此，从40岁开始，生活就应该开启最高级别的"抗氧化模式"。积极地摄取具有抗氧化作用的食物或化妆品，坚决杜绝紫外线，确保睡眠时间达7个小时，做可以消除压力的事情，只要坚持下去，全身的细胞自然就会恢复活力。以抗氧化为关键词，搜索信息，吸取其中的精华。

21

饮食

南瓜是 β-胡萝卜素的宝库

今天，你吃南瓜了吗？南瓜中含有大量具有抗氧化作用的 β-胡萝卜素。南瓜皮的营养价值也很高，所以尽可能连皮一起吃。果肉成橘色，是 β-胡萝卜素的颜色。它可以在体内转换成维生素 A，保持皮肤和黏膜健康正常的同时，还能发挥抗氧化作用，预防肌肤衰老。南瓜中还含有同样具有抗氧化作用的维生素 C 和同样能够保持皮肤、黏膜健康的维生素 B_2。南瓜中的维生素 C 很耐热，β-胡萝卜素是油溶性的，所以用油来烹调南瓜，比如油炸或炒，会提高其吸收率。

南瓜杏仁沙拉

材料		
南瓜	1/4 颗（约 500g）
杏仁	1 袋（约 70g）
芸豆	1 袋（约 180~200g）
白芝麻碎	1 大勺
奶酪	100g
蛋黄酱	2 大勺

作法

① 将南瓜带皮切成适口大小的块状。再用保鲜膜将南瓜块包住，放入微波炉（600W）加热 5 分钟。或将其蒸软。

② 将杏仁装入塑料袋，用擀面杖等工具将其碾碎。芸豆下水焯一下，要保留一点硬度，然后切成小块。

③ 把①、②、白芝麻碎、奶酪、蛋黄酱放入沙拉碗，拌匀，就完成了。

12 月

口红沾到衣服上该怎么办

22

化妆品

口红、粉底等化妆品含油，沾到衣服上后，应立即进行以下应急处理措施。回家之后，将漂白剂（酵素型）直接喷在沾到污垢的地方，再立即用洗衣液清洗。但如果是比较贵重的衣服，请先确认标签上规定的清洗方法，如果难以自己处理，就拿去洗衣店。

衣服上沾到污垢后的应急处理方法

① 用纸巾或干布按压污垢，以吸取油分。

② 将纸巾或手绢沾湿，再蘸取少许厨房洗涤剂或洗手液，置于污垢处，让其充分渗透。

③ 将干手绢放于污垢背面，再用湿纸巾等按压。

④ 用干纸巾拭去水分。反复操作数次，直到肥皂成分完全去除。

什么是"氢的力量"

　　富氢水（日本叫作"水素水"）的忠实粉丝正在增加。氢具有很好的抗氧化作用。它由最小的分子构成，所以不仅可以从口中摄取，还可以通过皮肤摄取，而且它可以进入全身所有的细胞内。挑选富氢水时，应选择浓度在 0.8ppm 以上的富氢水，因为最近的研究表明，这种富氢水能有效地改善体质。容器要选择氢穿不过去的铝制容器，这样比较令人放心。摄取量以一天 350~500ml 为标准，且一次性摄取会比较有效。除此之外，有些美容油和营养补充剂中也含有能生成氢的粉末。

为什么肌肤靓丽的人更受欢迎

　　肌肤会如实反映身体的状态。看到气色好、肌肤有光泽、纹路细腻的美女，就能联想到她必定身心健康且散发着巨大的女性魅力。人们之所以会追求这种素颜带来的美丽，或许是一种为了留下健康的种子而镌刻在人类基因中的原始感觉吧。站在女性的角度上来讲，让肌肤靓丽光彩可以吸引男性，所以正确的护肤也是为了捕获男人心而必须掌握的一种智慧。

12
月

香水喷在耳后或脖颈处

基础知识

气味

又到了圣诞节。如果去约会或参加派对，想要喷点香水的话，应该喷在血管粗、体温高的部位（耳后、脖颈、手肘内侧、手腕、膝盖内侧等），这样更有助于香味散发。但是，白天的时候要注意喷的位置。香水中的某些成分在紫外线的影响下，会造成色斑，应喷在阳光照射不到的身体部位，或裙摆内侧[1]。如果喷在皮肤上后，皮肤发生异常，如发红、发痒，请立即用水冲洗，今后请喷在衣服上。

巧妙地将体臭混于香味中

气味

和亚洲人相比，欧美人的汗臭比较强烈，但是好像他们很少会觉得体臭是令人讨厌的东西。这也许是因为空气干燥，不会感觉那么强烈，也可能是因为他们习惯用香水和体臭搭配出别样的香味。人类发明香水的初衷，就是为了和体臭混杂在一起的时候，能够散发出好闻的味道。日本湿气较重，香气容易随水分一起扩散。也就是说，在日本，人们很容易闻到香水的味道。因此，应避免香味浓烈的香水，利用柑橘系、森林系这些比较清爽的香水，将自己的体臭转变为有魅力的香味吧。

注：① 但是，要先在不显眼的地方确认是不是会弄脏衣服。

27

药

整理一下家庭医药箱吧

除了年末，每三个月就整理一次家庭医药箱内的物品。确认药品是否到期了，是否有缺少的，如果有，再补充。除了为自己或家人的疾病而准备的药品以及体温计外，还应常备下列药品。

外用药

● **膏药**：用于跌打损伤、腰痛等。

● **抗生物质软膏**：受伤时使用。

● **类固醇软膏**：要准备效力强和效力弱的两种类型。前者在症状比较严重时使用，后者用于面部、外阴部等皮肤比较薄的部位。

● **创可贴**：擦伤或脚被鞋子磨破时使用。

● **抗真菌剂**：去游泳池、美容院、温泉、澡堂、桑拿时涂抹，预防脚气。

内服药

● **抗过敏药**：用于荨麻疹、严重的皮炎、鼻涕等。

● **抗生物质**：受伤后开始肿胀时使用。

● **解热镇痛药**：用于喉咙痛、碰伤、感冒引起的发烧、腰痛等，可以抑制疼痛和炎症。有小孩的家庭，除了成人用药外，还要准备泰诺林等对乙酰氨基酚类的药。

● **胃药**：吃撑了、喝多了、胃疼时使用。

28

饮食

食用大葱，预防"肌肤生锈"

　　自古以来，感冒初期的人们都会食用大葱。大葱的最佳食用时间为每年的 11 到次年的 2 月。白色部分特有的香味来自烯丙基硫醚。烯丙基硫醚具有强烈的抗菌作用和抗氧化作用，可以有效地去除造成"肌肤生锈"的活性氧。另外，它还有助于提高维生素 B_1 的吸收，建议和猪肉、动物肝脏等一起食用。绿叶部分是黄绿色蔬菜，含有丰富的 β- 胡萝卜素和维生素 C，有助于提高肌肤和黏膜的功能，塑造靓丽的肌肤。另外，烯丙基硫醚易溶于水，烹调时，尽量不要浸泡在水里。

29

化妆

刺激

检查化妆工具的污垢

　　年终大扫除时，顺便也检查一下化妆工具、化妆品、化妆包的污垢吧。化妆刷和粉扑等化妆工具必须按照正确的清洗方式（参考 12 月 30 日的内容）细致地清洗干净。如果刷毛受损，或掉毛严重，粉扑触感变差，那就需要更换成新的。至于化妆品，盒内外都要擦拭干净。如果金属部分镀上去的金属剥落了，可能会引起金属过敏，需要重新购买。过期的产品、已经不用的产品，就处理掉。化妆包能洗则洗，不能洗就根据材质进行相应的护理。

30

化妆
·········
刺激

化妆工具的清洗方法

　　让我们来确认下化妆工具的清洗方法吧。化妆品中油脂成分较多，所以推荐使用中性洗涤剂，污垢会很容易洗掉。

化妆刷的清洗方法

① 将温水和中性洗涤剂按照 200：1 的比例混合。再将化妆刷的刷头置于其中（不要把金属部分也放进去），左右来回清洗。

② 只更换容器中的温水，再将化妆刷的刷头置于其中，左右来回涮洗。然后用手轻轻地拧刷头。

③ 用干毛巾夹住刷头，轻轻按压吸收水分，然后再阴干。

粉扑类物品的清洗方法

① 将中性洗涤剂滴在海绵上，再用手指挤压清洗，最后用温水涮干净。

② 用干毛巾夹住海绵，轻轻按压吸收水分。

③ 用纸巾等包住海绵后，用晾衣夹夹住晒干。

12
月

祝你明年也美丽动人

今年的肌肤状态怎么样呢？有人的肌肤变得很粗糙，有人为突然冒出来的粉刺而烦恼不已，也有人因为色斑增多而对紫外线深恶痛绝……我想大家都遇到了很多问题。但即便这样，如果大家能够每次都做出正确的处理，学习正确的护肤方法，坚持正确的护理方式，那么我相信5年、10年后的肌肤一定会因此而改变。

对皮肤而言，最重要的是清洗、保湿、防紫外线以及提前采取对策，应对随季节变迁而不断变化的皮肤。因为问题发生后再进行护理，可能会无法解决。

而比这一切都重要的，则是精神和身体的健康。注意睡眠、饮食等生活习惯，精神一疲劳，要果断休息。只有保持身心健康，才能让肌肤更加光彩夺人。

那么，今天就让我们洗去一整年的"糟心"，明天又是一个全新的开始。明年也请多多使用这本书。祝愿你在每一个季节都能保持完美的肌肤。

索 引

这一页整理汇总了与美肌力检测的 5 个项目相关的所有日期。方便您根据测试的结果查找、翻阅。

清洗	1月3日	1月8日	1月9日	1月10日	1月22日	1月28日	1月29日
	1月30日	1月31日	2月25日	4月4日	4月6日	4月10日	4月13日
	4月18日	5月5日	6月8日	6月9日	6月10日	6月12日	6月28日
	8月4日	8月11日	8月15日	9月3日	9月6日	10月6日	10月31日
	11月4日	11月13日	11月25日	12月5日	12月31日		

保湿	1月3日	1月13日	1月14日	1月15日	1月18日	1月19日	1月21日
	1月22日	1月23日	1月24日	1月25日	2月5日	2月16日	2月23日
	3月1日	3月2日	4月1日	4月8日	4月10日	4月13日	4月14日
	4月22日	5月5日	5月14日	5月15日	6月8日	6月20日	6月21日
	6月28日	6月29日	8月12日	8月24日	8月29日	9月2日	9月3日
	9月8日	9月10日	9月27日	9月30日	10月1日	10月5日	10月6日
	10月10日	11月1日	11月2日	11月5日	11月6日	11月10日	11月13日
	11月17日	11月22日	11月25日	11月26日	11月27日	12月1日	12月19日
	12月31日						

紫外线	1月3日	1月4日	1月5日	1月22日	1月26日	2月10日	3月4日
	3月5日	3月7日	3月8日	3月9日	3月10日	3月11日	3月12日
	3月13日	3月14日	3月15日	3月16日	3月17日	3月18日	4月8日
	4月18日	5月5日	5月16日	6月11日	6月29日	7月1日	7月2日
	7月3日	7月5日	7月6日	7月7日	7月8日	7月9日	7月10日
	7月11日	7月12日	7月13日	7月14日	7月16日	7月17日	7月18日
	7月19日	7月20日	7月21日	7月22日	7月23日	8月19日	8月25日
	9月5日	9月11日	9月16日	9月17日	9月18日	9月20日	9月21日
	9月27日	10月5日	11月3日	11月13日	11月17日	11月18日	11月20日
	11月22日	12月1日	12月20日	12月31日			

刺激	1月14日	1月24日	1月28日	2月2日	2月6日	2月9日	2月17日
	2月18日	2月19日	2月21日	2月22日	2月23日	2月25日	2月26日
	3月11日	3月16日	3月17日	3月20日	3月21日	3月22日	3月26日
	3月27日	4月1日	4月3日	4月4日	4月5日	4月10日	4月11日
	4月13日	4月15日	4月16日	4月18日	4月24日	4月26日	4月28日
	4月29日	5月4日	6月1日	6月9日	6月10日	6月12日	6月15日
	6月20日	6月21日	6月23日	6月24日	6月25日	6月26日	6月27日
	6月28日	6月29日	8月1日	8月8日	8月11日	8月12日	8月28日
	8月29日	9月2日	9月3日	9月5日	9月17日	9月20日	9月29日
	10月7日	10月10日	11月2日	11月5日	11月6日	11月13日	11月17日
	11月18日	11月20日	11月27日	12月2日	12月7日	12月10日	12月14日
	12月16日	12月29日	12月30日				

生活习惯 (生活环境)	1月2日	1月5日	1月16日	1月26日	1月27日	2月1日	2月5日
	2月9日	2月10日	3月20日	3月21日	3月22日	3月27日	4月1日
	5月4日	5月6日	5月7日	5月14日	5月19日	6月17日	7月1日
	7月2日	8月13日	8月19日	9月1日	9月27日	10月1日	10月5日
	10月23日	11月5日	11月8日	11月17日	11月18日	11月21日	12月31日

除生活环境外，可以从下面的索引中找到符合自己肤质或生活习惯的项目，并阅读。

A

暗沉	1月5日	1月6日	2月9日	5月23日	5月25日	5月26日
	5月31日	6月20日	7月29日	8月18日	9月15日	10月14日
	10月18日	10月22日	10月25日	11月17日	11月18日	

B

β-胡萝卜素	1月17日	2月8日	2月15日	3月19日	4月25日	5月17日
	5月18日	5月29日	7月30日	8月16日	8月30日	10月2日
	11月11日	12月8日	12月21日	12月28日		
B族维生素	1月16日	1月17日	2月3日	2月8日	2月15日	3月3日
	3月19日	4月9日	4月25日	5月29日	6月6日	7月29日
	7月30日	8月30日	9月19日	9月22日	10月8日	10月18日
	10月25日	11月4日	11月11日	11月30日	12月3日	12月8日
	12月21日	12月28日				
白斑	2月12日					
白发	6月14日	9月15日				
斑秃	6月18日	6月19日				
保湿成分	1月15日	1月18日	1月19日	2月16日	4月1日	9月2日
	11月1日	11月2日	11月25日	12月1日	12月19日	
保湿霜	1月3日	1月23日	1月25日	2月5日	2月23日	3月1日
	5月5日	6月20日	6月21日	6月22日	8月8日	8月12日
	8月24日	9月2日	9月3日	9月8日	9月30日	10月6日
	12月17日					
鼻毛	6月26日					
扁平疣	10月26日	10月29日				
便秘	3月27日	5月9日	5月14日	7月1日	7月30日	8月18日
	9月22日	11月29日				
表情肌	4月8日	9月25日	9月26日	9月28日		
表情纹	4月8日	9月26日	9月27日	10月15日		
补骨脂素	7月14日	11月3日				

C

产后脱发症	6月4日					
肠道环境	2月4日	4月9日	5月14日	5月15日	7月4日	9月22日
	11月3日	11月11日	11月29日			
肠内细菌群	5月14日					
除毛	6月20日	6月21日	6月22日	6月23日	6月24日	6月25日
	8月8日					
传染性软疣	7月24日	7月25日	10月26日			
唇部	2月28日	2月29日	11月5日	11月18日		
唇炎	11月5日	11月18日				
刺激性接触皮炎	2月26日	8月11日	9月2日	10月10日		
雌性激素	2月2日	2月4日	5月8日	5月9日	5月10日	6月4日
	7月26日					

D

DNA	1月5日	3月8日	3月9日	3月18日	7月23日
大豆异黄酮	2月4日	5月10日	12月11日		
大汗腺	8月3日	8月6日	8月7日	8月9日	8月14日
大皱纹	4月8日				

索引

	9月17日				
刮脸	8月8日	10月29日			
光过敏	8月25日				
光接触性皮炎	8月25日				
光线性花瓣状色素斑	9月14日	9月21日			
光线性弹力纤维病	7月7日				
过敏	2月1日	2月5日	2月7日	2月20日	2月23日	2月26日
	2月27日	3月26日	3月27日	4月27日	4月28日	4月29日
	4月30日	5月4日	5月7日	5月25日	6月15日	8月21日
	8月22日	8月25日	8月26日	9月1日	9月9日	10月18日
	11月18日	12月19日	12月27日	12月29日		

H

汗疱性湿疹	12月4日				
汗毛毛孔	3月14日				
汗液	8月1日	8月2日	8月3日	8月4日	8月5日	8月6日
	8月7日	8月9日	8月10日	8月11日	8月17日	10月16日
	10月31日					
汗液过敏	8月11日	12月19日				
黑色素	1月5日	1月6日	3月7日	3月8日	3月14日	3月18日
	4月3日	4月15日	5月21日	5月23日	5月25日	5月27日
	6月14日	6月22日	6月27日	7月3日	7月11日	7月14日
	7月19日	7月29日	9月11日	9月13日	9月14日	9月16日
	9月17日	9月20日	9月23日	10月12日	10月14日	11月17日
	12月16日	12月18日				
黑头	3月14日					
黑眼圈	11月15日	11月19日	11月20日	11月21日	11月22日	
黑痣	4月7日	6月27日	6月30日	10月3日	10月4日	10月22日
狐臭	8月2日	8月7日	8月9日	8月14日	10月16日	
护手霜	4月22日	8月29日	11月10日	11月13日		
花粉	2月1日	2月5日	2月7日	5月4日	9月1日	
化妆	1月16日	1月30日	1月31日	2月10日	2月11日	2月12日
	2月13日	2月16日	2月17日	2月18日	2月19日	2月21日
	2月22日	2月23日	2月24日	2月26日	2月27日	4月1日
	7月18日	9月7日	10月5日	10月10日	11月20日	11月21日
	12月2日	12月29日	12月30日			
化妆品	1月3日	2月2日	2月21日	3月17日	6月1日	8月12日
	9月2日	9月3日	11月1日	12月22日		
化妆水	1月19日	1月24日				
黄褐斑	9月14日	9月17日	9月20日	9月23日		
黄体酮	2月2日	5月8日	5月9日			
灰指甲	12月6日	12月13日				

J

基础护理	1月3日	1月4日	1月8日	1月9日	1月10日	1月23日
	1月24日	1月25日	1月28日	1月29日	1月30日	1月31日
	11月10日	11月13日				
基础知识	1月5日	1月6日	1月11日	1月13日	1月14日	1月15日
	1月16日	1月18日	1月21日	1月22日	1月26日	2月2日

L

L- 半胱氨酸	5 月 16 日	5 月 25 日			
老年斑	7 月 5 日	7 月 16 日	9 月 14 日	9 月 16 日	
泪沟纹	4 月 8 日				
类固醇	3 月 29 日	3 月 30 日	3 月 31 日	7 月 21 日	8 月 21 日	8 月 22 日
	8 月 25 日	11 月 4 日	11 月 11 日	12 月 19 日	12 月 27 日

M

埋没毛	6 月 23 日				
毛发	6 月 20 日	6 月 21 日	6 月 22 日	6 月 23 日	6 月 24 日	6 月 25 日
	6 月 26 日	6 月 27 日	8 月 8 日			
毛发苔藓	4 月 17 日	4 月 18 日			
毛发性色素痣	6 月 27 日				
毛孔	3 月 14 日	4 月 11 日	4 月 15 日	6 月 28 日	6 月 29 日	7 月 1 日
	9 月 3 日	10 月 14 日			
毛囊炎	6 月 23 日	6 月 26 日			
面部泛红	10 月 22 日	11 月 14 日			
面膜	2 月 26 日	6 月 29 日	9 月 2 日	11 月 5 日	
敏感肌肤	3 月 20 日	3 月 21 日	3 月 22 日	8 月 11 日	10 月 28 日	11 月 1 日
敏感区域	8 月 14 日	8 月 15 日			
美白成分	9 月 12 日	9 月 13 日	9 月 23 日	9 月 24 日	
美白化妆品	9 月 11 日	9 月 12 日	9 月 13 日	9 月 18 日	11 月 17 日	11 月 20 日
美容皮肤科	3 月 25 日	4 月 12 日	4 月 13 日	4 月 14 日	4 月 18 日	6 月 26 日
	6 月 27 日	6 月 30 日	7 月 1 日	9 月 7 日	9 月 27 日	9 月 29 日
	10 月 20 日	10 月 21 日	10 月 22 日			
美容液	1 月 23 日	1 月 25 日	2 月 13 日	8 月 12 日	11 月 1 日
摩擦性黑皮症	4 月 3 日	4 月 4 日			
磨砂膏	4 月 13 日	9 月 3 日			
拇趾外翻	4 月 16 日				

N

男性型脱发症（AGA）	6 月 3 日	6 月 13 日	6 月 16 日	6 月 17 日	
内嵌甲	4 月 16 日	8 月 31 日			
尿素	1 月 18 日	3 月 2 日	10 月 31 日		
脓疱疮	8 月 27 日				
女性的男性型脱发症（FAGA）	6 月 3 日	6 月 13 日			

P

PA 值	3 月 10 日	3 月 12 日	3 月 13 日			
皮肤癌	3 月 8 日	3 月 18 日	4 月 7 日	7 月 9 日	7 月 14 日	7 月 20 日
	9 月 21 日	10 月 4 日				
皮肤粗糙	1 月 9 日	1 月 17 日	1 月 22 日	1 月 27 日	1 月 29 日	2 月 5 日
	2 月 6 日	3 月 20 日	3 月 21 日	4 月 1 日	4 月 5 日	5 月 7 日
	5 月 9 日	5 月 14 日	5 月 15 日	8 月 8 日	9 月 10 日	9 月 22 日
	12 月 31 日					
皮肤念珠菌病	12 月 4 日				
疲劳臭	8 月 13 日				
皮脂	1 月 8 日	1 月 21 日	1 月 22 日	4 月 1 日	4 月 4 日	4 月 6 日
	4 月 10 日	5 月 9 日	6 月 17 日	6 月 28 日	7 月 1 日	8 月 6 日

生长激素	4月21日	10月9日	11月28日			
视黄醇	5月17日	6月29日	9月24日			
视黄酸	5月17日	9月23日	9月24日			
湿润疗法	5月12日	5月13日				
手	1月24日	4月22日	6月20日	11月10日	11月13日	12月4日
	12月6日	12月13日				
衰老情结	9月7日					
睡眠	4月21日	4月29日	5月6日	6月19日	7月1日	7月2日
	8月13日	9月10日	9月27日	12月17日	12月20日	12月31日
松弛	1月6日	1月26日	3月14日	3月18日	4月8日	5月8日
	5月19日	5月31日	7月2日	9月7日	9月28日	9月29日
	10月19日	10月22日	10月23日	11月19日	12月18日	12月20日
松弛型黑眼圈	11月19日	11月22日				

T

弹性纤维	1月5日	1月6日	1月18日	3月5日	3月7日	3月8日
	3月13日	3月18日	5月8日	7月2日	7月7日	10月14日
	11月22日					
糖化	1月6日	2月14日	5月30日	10月24日	10月25日	11月17日
	11月18日					
烫伤	2月12日	7月22日	9月20日	11月9日	11月12日	12月10日
特应性皮炎（特应性体质）		1月13日	2月5日	2月12日	2月20日	2月23日
	3月26日	3月27日	4月23日	6月30日	7月15日	8月21日
	8月27日	10月28日	11月1日	11月27日	12月12日	
天然保湿因子（NMF）		1月13日	1月18日	1月27日	3月2日	
贴布试验	2月27日	6月15日				
头发	4月5日	6月2日	6月3日	6月4日	6月5日	6月7日
	6月8日	6月9日	6月10日	6月12日	6月13日	6月14日
	6月15日	6月16日	6月17日	6月18日	7月19日	9月5日
	9月6日	11月4日	11月6日			
头发护理	6月9日	6月10日	6月12日			
头发稀疏、脱发	5月7日	6月2日	6月3日	6月4日	6月5日	6月7日
	6月8日	6月13日	6月16日	6月17日	6月18日	11月24日
透明质酸	1月18日	1月19日	7月2日	9月24日	10月14日	10月15日
	11月22日					
头皮屑	6月10日	8月12日	11月4日	11月6日		
头虱	7月31日					

U

UV-A	3月7日	3月8日	3月13日	3月18日	7月2日	7月17日
UV-B	3月7日	3月8日	3月12日	3月18日		

W

ω-3 脂肪酸	5月7日	6月5日	10月18日			
ω-6 脂肪酸	5月7日					
维生素 A	5月16日	5月17日	5月18日	5月20日	7月13日	7月22日
	9月24日	10月2日	12月21日			
维生素 C	1月12日	2月15日	3月19日	3月28日	4月25日	5月16日
	5月20日	5月21日	5月22日	5月23日	5月30日	6月5日
	7月13日	7月14日	7月22日	7月23日	7月29日	7月30日

	8月16日	8月30日	9月16日	9月17日	9月18日	9月19日
	9月20日	9月22日	10月2日	10月8日	11月3日	12月8日
	12月18日	12月21日	12月28日			
维生素 C 诱导体	1月19日	9月13日				
维生素 E	2月3日	5月20日	5月23日	5月24日	7月13日	7月22日
	7月23日	9月16日	9月17日	9月18日	9月22日	10月2日
	10月18日	12月7日				
萎缩纹	4月14日					
蚊虫叮咬	3月29日	8月20日	8月21日	8月22日	8月23日	9月20日
	12月19日					
无硅油	6月12日					

X

细胞间脂质	1月9日	1月13日	1月14日	1月27日	1月30日	8月24日
	11月1日	11月25日	11月26日			
洗发水	6月2日	6月8日	6月9日	6月10日	6月12日	7月31日
	8月12日	9月5日	9月6日			
吸烟	1月5日	1月26日	5月16日	5月31日	6月17日	6月19日
	7月2日	9月15日	10月8日	11月16日	11月18日	
虾青素	5月16日	5月27日				
下肢静脉曲张	4月19日	4月20日				
项部菱形皮肤	7月7日					
小汗腺	8月3日	8月5日	8月6日	8月9日	10月16日	
小腿	3月1日	4月6日	11月25日			
小皱纹	4月8日	10月14日				
卸妆（卸妆产品）	1月3日	1月19日	1月28日	1月29日	1月30日	1月31日
	2月25日	6月28日	11月20日	12月2日		
新陈代谢	1月27日	5月10日	5月17日	5月29日	7月1日	9月10日
	9月16日	9月24日	10月12日	10月14日	12月17日	
信息素	8月7日					
性病	7月27日	7月28日				
休止期脱发	6月3日					
寻常疣	7月24日	10月26日				
荨麻疹	2月9日	4月29日	4月30日	8月25日	12月12日	12月19日
	12月27日					

Y

压力	1月5日	1月12日	3月26日	3月27日	4月21日	4月23日
	4月29日	5月1日	5月8日	5月14日	5月16日	6月3日
	6月14日	6月17日	6月19日	7月23日	7月26日	8月13日
	8月16日	10月5日	11月16日	11月21日	12月18日	12月20日
牙龈	10月16日	10月17日				
炎症后色素沉着	9月14日	9月20日	9月23日	11月17日		
眼周	2月13日	10月10日	10月19日	10月30日	11月19日	11月20日
	11月21日	11月22日				
氧化	1月5日	1月8日	1月26日	3月7日	4月6日	6月17日
	6月28日	7月23日	8月13日	10月6日		
腋下	4月6日	4月15日	6月24日	8月3日	8月5日	8月7日
	8月9日	8月10日	10月16日	12月14日		

医疗焕肤	4月13日	7月1日	10月12日	10月13日	10月14日	
饮酒	1月16日	8月20日	12月12日	12月17日		
饮食	1月2日	1月6日	1月12日	1月16日	1月17日	1月20日
	1月27日	2月3日	2月4日	2月8日	2月14日	2月15日
	3月3日	3月19日	3月28日	4月9日	4月25日	4月29日
	5月1日	5月7日	5月11日	5月15日	5月16日	5月17日
	5月18日	5月19日	5月20日	5月21日	5月22日	5月23日
	5月24日	5月25日	5月26日	5月27日	5月28日	5月29日
	5月30日	6月5日	6月6日	6月17日	6月19日	7月1日
	7月4日	7月13日	7月14日	7月29日	7月30日	8月6日
	8月13日	8月16日	8月26日	8月30日	9月4日	9月9日
	9月17日	9月19日	9月22日	9月27日	10月2日	10月18日
	10月24日	10月25日	11月3日	11月11日	11月16日	11月17日
	11月18日	11月29日	11月30日	12月3日	12月8日	12月11日
	12月12日	12月17日	12月20日	12月21日	12月28日	12月31日
营养	5月16日	5月17日	5月18日	5月20日	5月21日	5月22日
	5月23日	5月24日	5月25日	5月26日	5月27日	5月28日
	5月29日	5月30日	7月13日	12月3日	12月11日	12月18日
运动	1月5日	4月1日	4月20日	4月21日	4月29日	5月9日
	5月19日	8月6日	8月20日	10月8日	10月9日	11月16日
	11月17日	11月23日	11月24日	11月28日		
疣	10月26日	10月27日	10月28日	10月29日	12月13日	12月14日
油性皮肤	2月16日	3月24日	3月25日			

Z

痣	2月13日	10月22日				
指甲	1月7日	4月16日	8月28日	8月29日	8月31日	12月6日
治疗	2月7日	2月13日	2月28日	2月29日	3月29日	3月30日
	3月31日	4月3日	4月12日	4月14日	4月15日	4月18日
	4月19日	4月20日	4月26日	4月27日	4月30日	5月3日
	5月13日	6月13日	6月17日	6月22日	6月27日	6月30日
	7月23日	7月24日	7月25日	7月28日	7月31日	8月5日
	8月22日	8月25日	8月27日	8月28日	8月31日	9月16日
	9月17日	9月18日	9月20日	9月23日	9月24日	9月27日
	10月3日	10月4日	10月11日	10月12日	10月13日	10月14日
	10月15日	10月16日	10月17日	10月19日	10月20日	10月21日
	10月22日	10月26日	10月27日	10月29日	10月30日	11月4日
	11月12日	11月14日	11月22日	12月3日	12月7日	12月9日
	12月13日	12月14日	12月15日	12月18日		
脂溢性皮肤炎	11月4日					
紫外线散乱剂	3月16日					
紫外线吸收剂	3月16日	7月6日				
中性皮肤	3月24日	3月25日				
皱纹	1月26日	3月18日	4月8日	5月8日	5月20日	5月31日
	7月7日	9月7日	9月26日	9月27日	9月28日	9月29日
	10月10日	10月14日	10月15日	10月22日	12月18日	12月20日

快读 · 慢活 ®

　　从出生到少女，到女人，再到成为妈妈，养育下一代，女性在每一个重要时期都需要知识、勇气与独立思考的能力。

　　"快读·慢活 ®" 致力于陪伴女性终身成长，帮助新一代中国女性成长为更好的自己。从生活到职场，从美容护肤、运动健康到育儿、家庭教育、婚姻等各个维度，为中国女性提供全方位的知识支持，让生活更有趣，让育儿更轻松，让家庭生活更美好。